# ÉTUDES ET LECTURES

SUR

# L'ASTRONOMIE,

PAR

CAMILLE FLAMMARION,

Astronome, Membre de plusieurs Académies, etc.

TOME NEUVIÈME,

Accompagné de 32 figures astronomiques.

PARIS,

GAUTHIER-VILLARS, IMPRIMEUR-LIBRAIRE

DU BUREAU DES LONGITUDES, DE L'OBSERVATOIRE DE PARIS,

SUCCESSEUR DE MALLET-BACHELIER,

Quai des Grands-Augustins, 55.

1880

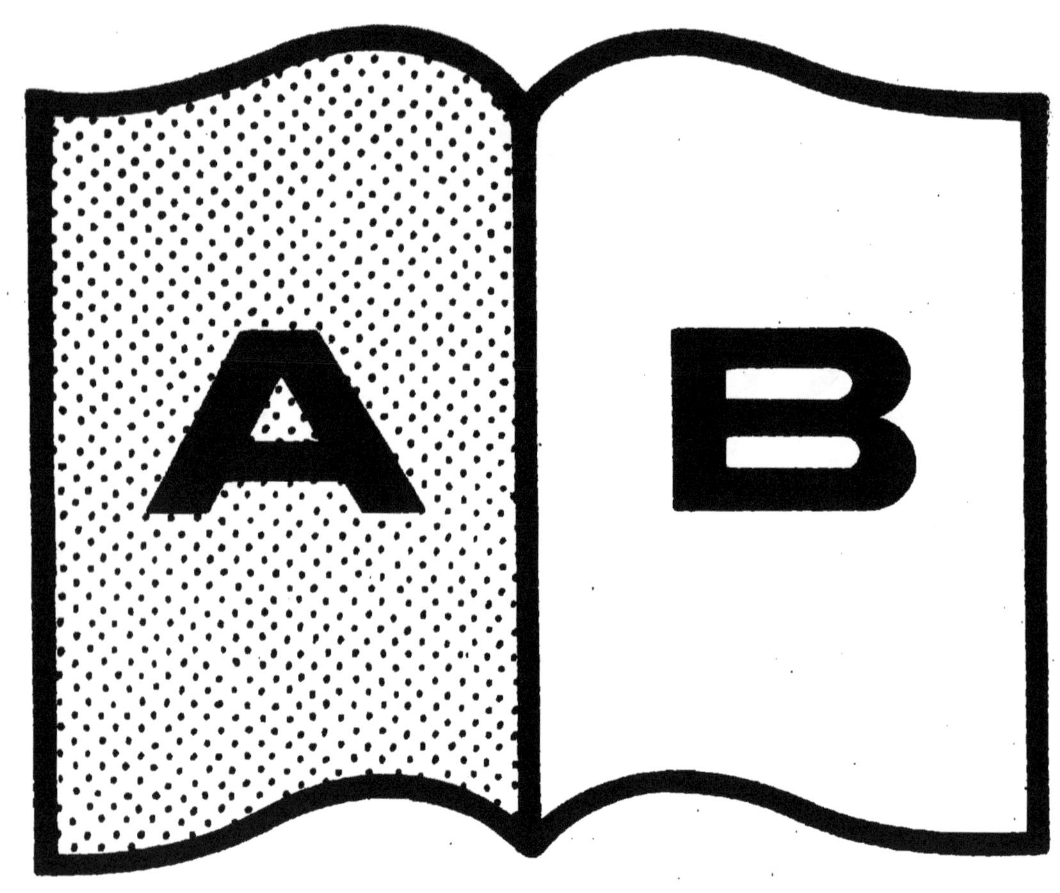


Contraste insuffisant

NF Z 43-120-14

# ÉTUDES ET LECTURES

SUR

# L'ASTRONOMIE.

311

# OUVRAGES DU MÊME AUTEUR.

**Les Étoiles doubles.** — Catalogue des Étoiles doubles et multiples en mouvement, contenant toutes les observations faites sur chaque couple depuis sa découverte et les résultats conclus de l'analyse des mouvements. 1 vol. gr. in-8 .......... 8 fr.

**Astronomie populaire.** — Description générale du Ciel, accompagnée de 360 figures, Cartes célestes, planches en chromolithographie, etc. 10 fr.

**Atlas céleste,** comprenant toutes les Cartes de l'ancien Atlas de Dien, rectifié et augmenté. Gr. in-folio .......... 45 fr.

**Les Terres du Ciel.** — Astronomie planétaire descriptive. Photographies lunaires, Carte de Mars, dessins de Jupiter, etc. 1 vol. gr. in-8 .......... 10 fr.

**Histoire du Ciel.** — Histoire de l'Astronomie et des différents systèmes imaginés pour expliquer l'Univers. 1 vol. gr. in-8 illustré; 3e édit. 9 fr.

**L'Atmosphère.** — Description des grands phénomènes de la nature. 1 vol. gr. in-8, illustré de 15 chromolithographies et de 228 gravures; 2e édition .......... *Épuisé.*

**La Pluralité des Mondes habités.** — Étude où l'on expose les conditions d'habitabilité des terres célestes, au point de vue de l'Astronomie, de la Physiologie et de la Philosophie naturelle. 27e édit.; 1 vol. in-12 .......... 3 fr. 50 c.

**Les Mondes imaginaires et les Mondes réels.** — Voyage astronomique pittoresque dans le Ciel, et revue critique des théories humaines, anciennes et modernes, sur les habitants des astres. 16e édit.; 1 vol. in-12 .......... 3 fr. 50 c.

**Dieu dans la Nature,** ou le Spiritualisme et le Matérialisme devant la Science moderne. 16e édit; 1 fort vol. in-12, avec le portrait de l'Auteur .......... 4 fr.

**Récits de l'Infini.** — *Lumen*; Histoire d'une Ame. — Histoire d'une Comète. — La vie universelle et éternelle. 6e éd.; 1 vol. in-12. 3 fr. 50 c

**Vie de Copernic.** et Histoire de la découverte du véritable système du Monde. 1 vol. in-12 .......... 1 fr. 50 c

**Les Merveilles célestes.** — Lectures du soir. Traité élémentaire d'Astronomie à l'usage de la jeunesse, illustré de gravures et de planches. 38e mille; 1 vol. in-12 .......... 2 fr.

**Contemplations scientifiques.** — Nouvelles Études de la Nature et Exposition des œuvres éminentes de la Science contemporaine. 3e édit; 1 vol. in-12 .......... 3 fr. 50 c.

SIR HUMPHRY DAVY. — **Les derniers Jours d'un Philosophe.** — Entretiens sur la Nature, sur l'Humanité et sur les Sciences. Trad. de l'anglais. 1 vol. in-12 .......... 3 fr. 50 c.

**Petite Astronomie descriptive,** pour les Enfants, adaptée aux besoins de l'enseignement par C. Delon, et ornée de 100 figures. 1 vol. in-12 .......... 1 fr. 25 c.

**Petit Atlas astronomique,** résumant l'Astronomie en 18 Cartes, tableaux et explications. In-18 .......... 1 fr. 50 c.

---

Paris. — Imprimerie de GAUTHIER-VILLARS, quai des Augustins, 55.

# ÉTUDES ET LECTURES

SUR

# L'ASTRONOMIE,

PAR

CAMILLE FLAMMARION,

Astronome, Membre de plusieurs Académies, etc.

TOME NEUVIÈME,

Accompagné de 32 figures astronomiques.

PARIS,

GAUTHIER-VILLARS, IMPRIMEUR-LIBRAIRE

DU BUREAU DES LONGITUDES, DE L'OBSERVATOIRE DE PARIS,

SUCCESSEUR DE MALLET-BACHELIER,

Quai des Grands-Augustins, 55.

1880

(Tous droits réservés.)

# AVERTISSEMENT.

---

Les études sur la constitution physique du Soleil sont devenues si nombreuses, si minutieuses et si variées, elles ont donné naissance à des discussions si approfondies sur la nature des taches et des éruptions solaires, sur leur périodicité aussi mystérieuse qu'incontestable, et sur les rapports de cette périodicité avec les phénomènes du magnétisme terrestre et les fluctuations annuelles de la Météorologie, qu'il était devenu urgent de consacrer un Volume de cet Ouvrage périodique à l'examen détaillé de cet intéressant sujet, le plus intéressant de tous, assurément, puisqu'il ne s'agit de rien moins que de l'astre colossal aux rayons duquel la vie de notre planète est suspendue.

Dans les pages suivantes, nous commençons par faire la statistique générale des taches solaires, depuis la première année de leur énumération précise (1826) jusqu'à l'époque actuelle. La variation undécennale s'y manifeste avec l'évidence du jour. Nous faisons ensuite la statistique des protubérances depuis la première année de leur observation permanente (1871), et nous constatons la même périodicité. Vient ensuite la discussion de la nature intrinsèque des taches solaires. Puis nous examinons en détail l'aspect télescopique granulé de la surface lumineuse, et nous discutons les conséquences des observations appliquées à la théorie de la constitution physique de l'astre qui nous éclaire.

L'étude générale du sujet nous conduit ensuite à rechercher quelles peuvent être les causes de la périodicité des taches solaires. Le rapport entre ces phénomènes et les manifestations du magnétisme terrestre nous engage alors dans l'analyse de l'oscillation diurne de l'aiguille aimantée, comparativement à celle des agents météorologiques (température, humidité, vapeur d'eau, pression barométrique); le Tableau des observations faites en un grand nombre de lieux nous conduit à conclure, contrairement à l'opinion de l'un de nos plus éminents astronomes français, qu'il y a une correspondance réelle entre le Soleil et le magnétisme terrestre. La discussion est longue et détaillée, et toute en faveur de cette correspondance. Nous n'avons rien négligé pour élucider le problème aussi complètement que possible, au niveau précis de l'état actuel de nos connaissances.

C'était ici le lieu d'entrer dans l'étude spéciale du *magnétisme terrestre* et de son histoire, et c'est ce que nous avons fait, de sorte que l'on possède en même temps, dans ce petit Volume, la série entière des observations faites à Paris sur les mouvements de l'aiguille aimantée et la comparaison de l'ensemble des observations faites sur le globe depuis plusieurs siècles. Quel mystère encore dans cet état magnétique de notre planète, dans ses variations séculaires, dans ses affinités bizarres, dans les sympathies et les antipathies étranges de la boussole! Il semble que plus on creuse ce problème, et plus on y découvre de profondeur.

La relation entre les taches solaires et les aurores boréales s'est ensuite présentée à notre discussion, ainsi que l'étude de l'origine même de l'électricité et du magnétisme. Un grand nombre d'autres correspondances non moins curieuses entre le Soleil et la Terre ont été mises en évidence par des savants attentifs, et eussent mérité d'être renfermées dans le cadre de cet exposé général. Mais déjà nous avions dépassé les limites de cette publication, et nous nous voyions contraints de renvoyer encore à un autre Volume les nombreux documents réunis sur chaque sujet de controverse astronomique.

Ce Volume lui-même est fort en retard, à cause du

surcroît de travail qui nous a été imposé par la publication de notre *Astronomie populaire*, et nous prions nos lecteurs de nous excuser de nouveau. Notre plus vif désir est de réparer ce retard par la publication très-prochaine de notre Tome X. Malheureusement l'étude du ciel absorbe si complètement ceux qui s'y consacrent, et la Terre tourne si vite, que vraiment la vie entière passe comme un rapide voyage dans lequel on ne réalise pas la dixième partie des projets éclos dans les rêves de l'espérance.

Paris, décembre 1879.

# I.

## LE SOLEIL.

### STATISTIQUE DES TACHES SOLAIRES, DEPUIS LA PREMIÈRE ANNÉE DE LEUR ÉNUMÉRATION PRÉCISE JUSQU'A L'ÉPOQUE ACTUELLE.

Nous sommes fort en retard avec le Soleil ! Cet astre important est devenu, depuis un certain nombre d'années, l'objet spécial des études assidues et des observations minutieuses de plusieurs astronomes disséminés sur une grande partie de la surface du globe. L'Italie, l'Angleterre, la France, l'Amérique, la Suisse, la Russie, le Portugal, l'Espagne, possèdent des observatoires où chaque jour le disque solaire est examiné, analysé, dessiné, photographié : l'Italie nous offre, au premier rang, sa laborieuse Société des spectroscopistes, ses observatoires de Rome, Palerme, Padoue (illustrés par les travaux de Secchi, Tacchini, Lorenzoni, Fergola) ; l'Angleterre, après ses Carrington et ses de la Rue, a consacré un département de Greenwich à l'observation quotidienne du Soleil ; la France est fière de Janssen, et le lui prouve ; l'Amérique nous offre Young, Draper, Langley, Trouvelot ; Wolf à Zurich, Brédichin à Moscou, Capello à Lisbonne, Ventosa à Madrid, sans compter leurs émules, suivent attentivement et notent ponctuellement les moindres faits et gestes de l'astre du jour.

L'instant est propice pour former ici une synthèse de ces nombreuses observations, et pour nous rendre compte de l'état actuel de la science *pratique* relativement à la nature intrinsèque de l'astre solaire, à ses manifestations diverses, et aux rapports nouvellement aperçus qui paraissent exister entre ce puissant foyer et les planètes dont il est à la fois le soutien, le flambeau, le cœur et la vie.

Commençons par la statistique des taches. On a cessé depuis quelques années d'employer la méthode simple et primitive de Schwabe, qui consistait à les compter chaque jour, et à inscrire chaque année le nombre constaté. Cette méthode, il est vrai, n'était pas très-précise, car le nombre des taches ne correspond pas exactement à l'*étendue* tachée, puisqu'il y a des taches de toutes les dimensions ; mais elle était commode pour saisir la variation annuelle, et, comme il n'y a pas longtemps qu'on mesure micrométriquement la superficie, et qu'on procède par année, nous ne pourrions faire ici la première comparaison nécessaire pour juger les variations annuelles. Le seul moyen de tourner la difficulté, c'est de tirer parti des deux méthodes, afin d'avoir sous les yeux la *série* adéquate indispensable à notre jugement.

Voici donc d'abord l'ensemble des observations faites sur ces taches depuis l'année à laquelle on a commencé régulièrement à les compter. La quatrième colonne du tableau suivant contient le *nombre* des taches comptées chaque année à Dessau par Schwabe, de 1826 à 1868, et à Rome par Secchi, de 1869 à 1877. J'ai pris les premiers nombres dans les publications mêmes de l'astronome allemand, et les derniers dans l'Ouvrage du P. Secchi sur *le Soleil* (2e édition, Ire Partie), pour les années 1869 à 1872; mais, comme l'auteur n'a pas continué à les donner depuis cette dernière année, et qu'aucun des astronomes qui observent assidûment le Soleil ne les a donnés non plus, j'ai dû les chercher dans les tableaux des taches classées par rotations solaires (*le Soleil*, IIe Partie, et *Memorie della Società degli Spettroscopisti*); les nombres inscrits pour 1873, 1874, 1875, 1876 et 1877 sont donc obtenus par l'addition des groupes de taches comptés pendant les rotations de chacune de ces années. La cinquième colonne indique la *superficie* des taches en millionièmes de la surface de l'hémisphère solaire, calculée par Warren de la Rue pour l'intervalle de 1832 à 1868, et par Secchi de 1872 à 1877. J'ai obtenu ces derniers nombres en divisant la somme des valeurs inscrites pour chaque rotation par le nombre des rotations de chaque année. Il n'a pas été tenu compte des jours de non-observation. (Pour l'année 1872, il y a une différence que je ne m'explique pas entre mes chiffres et ceux du *Soleil*. L'auteur a imprimé 315 pour le nombre des jours d'observation, et 292 pour le nombre des taches, et, en additionnant les 13 rotations qui vont juste du 1er janvier 1872 au 1er janvier 1873 (IIe Partie, p. 160), on trouve 294 pour le premier, et 303 pour le second). Pour les années suivantes, j'ai pris des nombres entiers de rotation : 13 en 1873 et 1874, 14 en 1875, 13 en 1876 et 1877.

*Nombre de taches comptées sur le Soleil depuis* 1826.

| Années. | Jours d'observation. | Jours sans taches. | Nombre des taches. | Superficie des taches. |
|---|---|---|---|---|
| 1826... | 277 | 22 | 118 | ... |
| 1827... | 273 | 2 | 161 | ... |
| 1828... | 282 | 0 | 225 | ... |
| 1829... | 244 | 0 | 199 | ... |
| 1830... | 217 | 1 | 190 | ... |
| 1831... | 239 | 3 | 149 | ... |
| 1832... | 270 | 49 | 84 | 196 |
| 1833... | 267 | 139 | 33 | 73 |
| 1834... | 273 | 120 | 51 | 142 |
| 1835... | 244 | 18 | 173 | 837 |
| 1836... | 200 | 0 | 272 | 1417 |
| 1837... | 168 | 0 | 333 | 1236 |
| 1838... | 202 | 0 | 282 | 876 |
| 1839... | 205 | 0 | 162 | 817 |
| 1840... | 263 | 3 | 152 | 575 |
| 1841... | 283 | 15 | 102 | 340 |
| 1842... | 307 | 64 | 68 | 209 |
| 1843... | 312 | 149 | 34 | 108 |
| 1844... | 321 | 111 | 52 | 197 |
| 1845... | 332 | 29 | 114 | 396 |
| 1846... | 314 | 1 | 157 | 599 |
| 1847... | 276 | 0 | 257 | 1127 |
| 1848... | 278 | 0 | 330 | 1112 |
| 1849... | 285 | 0 | 238 | 755 |
| 1850 .. | 308 | 2 | 186 | 583 |
| 1851... | 308 | 0 | 141 | 658 |
| 1852... | 337 | 2 | 125 | 522 |
| 1853... | 299 | 4 | 91 | 350 |
| 1854... | 334 | 65 | 67 | 198 |

| Années. | Jours d'observation. | Jours sans taches. | Nombre des taches. | Superficie des taches. |
|---|---|---|---|---|
| 1855... | 313 | 146 | 38 | 82 |
| 1856... | 321 | 193 | 34 | 40 |
| 1857... | 324 | 52 | 98 | 227 |
| 1858... | 335 | 0 | 202 | 763 |
| 1859... | 343 | 0 | 205 | 1390 |
| 1860... | 332 | 0 | 211 | 1343 |
| 1861... | 322 | 0 | 204 | 1310 |
| 1862... | 317 | 3 | 160 | 1165 |
| 1863... | 330 | 2 | 124 | 749 |
| 1864... | 325 | 4 | 130 | 815 |
| 1865... | 307 | 26 | 93 | 549 |
| 1866... | 349 | 76 | 45 | 199 |
| 1867... | 312 | 195 | 25 | 188 |
| 1868... | 301 | 12 | 101 | 449 |
| 1869... | 179 | 0 | 198 | ... |
| 1870... | 147 | 0 | 305 | ... |
| 1871... | 380 | 0 | 304 | 2036 |
| 1872... | 315 | 0 | 292 | 1821 |
| 1873... | 301 | » | 215 | 1128 |
| 1874... | 272 | » | 159 | 752 |
| 1875... | 239 | » | 91 | 193 |
| 1876... | 234 | » | 57 | 104 |
| 1877... | 228 | » | 48 | 121 |

Il est facile, d'après ce tableau, de se représenter exactement la variation annuelle des taches solaires. On constate, à première vue, que les années 1828, 1837, 1848, 1860, 1871 ont été des années de maximum, tandis que les années 1833, 1843, 1856, 1867 ont été des années de minimum. La période de décroissement est plus longue que la période d'accroissement (c'est ce qui arrive aussi pour le reflux de la mer). D'un maximum à l'autre, comme d'un minimum à l'autre, il y a en moyenne onze ans d'intervalle, partagés en deux périodes inégales et variables d'environ 7 et 4 ans.

Pour en déterminer la valeur avec plus de précision, quelques astronomes ont eu recours aux observations anciennes. Wolf, de Zurich, a pu établir la chronologie des phases que le Soleil a parcourues depuis la découverte des taches jusqu'à nos jours. Ses calculs l'ont conduit à une période de $11\frac{1}{9}$ ans. Lamont avait trouvé, de son côté, $10\frac{43}{100}$ ans; mais ce nombre ne représente pas assez exactement les dernières observations.

Chaque maximum est plus rapproché du minimum précédent que suivant, de sorte que la courbe présente la forme indiquée par la *fig.* 1. L'ordonnée aug-

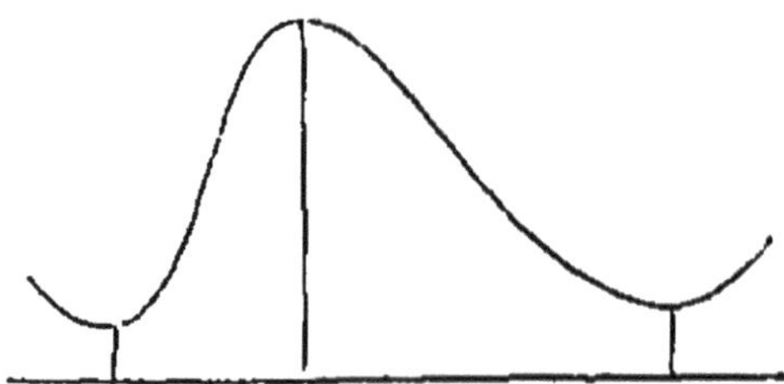

Fig. 1. — Courbe undécennale des taches.

mente pendant $3\frac{7}{10}$ ans, elle diminue ensuite pendant $7\frac{4}{10}$ ans. D'après W. de la Rue, l'accroissement durerait $3\frac{52}{100}$ ans et la diminution $7\frac{55}{100}$ ans. La coïncidence est surprenante, vu la diversité des méthodes qui ont conduit à ces résultats presque identiques, les uns ayant évalué le nombre des taches, les autres ayant mesuré leur superficie. Les différentes périodes ne sont pas absolument identiques, comme on peut le voir dans la *fig.* 2, extraite des travaux de W. de la Rue (1832-1868) ; mais on a remarqué que, si dans une

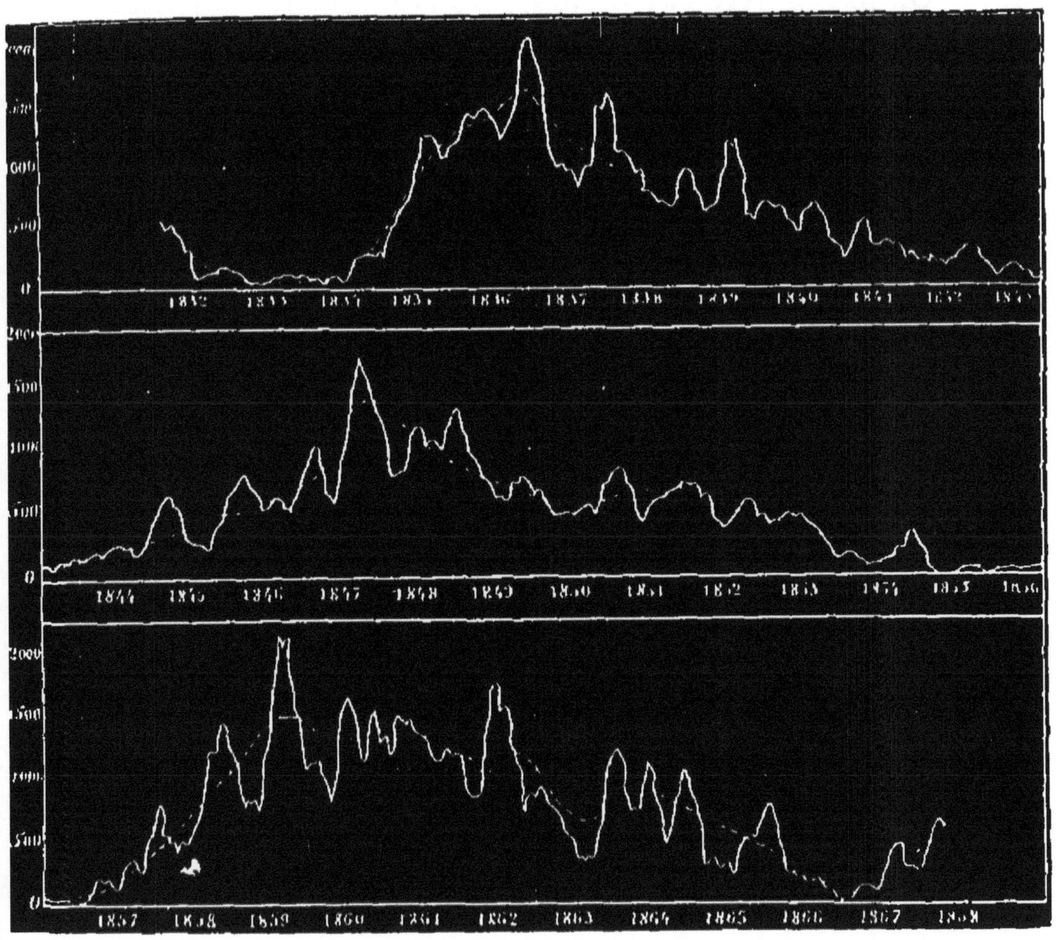

Fig. 2. — Oscillations dans la variation undécennale.

période la partie décroissante est retardée ou accélérée, la partie ascendante de la période qui suit s'allongera ou se raccourcira également. D'après cette remarque, on a pu annoncer que la première partie de la période actuelle serait très-accélérée, ce qui s'est vérifié.

On peut suivre sur cette figure la marche accidentée du phénomène. La ligne ponctuée indique les valeurs moyennes, la ligne pleine fait connaître les valeurs réelles.

La phase la plus saillante de cette courbe, c'est une recrudescence très-sensible qui se produit très-peu de temps après le maximum proprement dit.

Les passages des maxima aux minima sont accompagnés d'une circonstance assez curieuse. En disposant les taches d'après leur longitude et leur latitude sur un diagramme assez serré, Carrington a montré que leur latitude va en décroissant à mesure qu'on approche du minimum; puis, lorsque leur nombre va en croissant, elles se montrent à une latitude plus élevée. Cette loi se vérifie encore dans la dernière période, à partir de l'avant-dernier minimum, qui s'est produit en 1867.

Cette périodicité a été le premier résultat de l'observation assidue de Schwabe. Elle a été adoptée rapidement par Wolf, alors directeur de l'Observatoire de Berne, aujourd'hui directeur de celui de Zurich, contrairement à la résistance des autres astronomes, et confirmée par ses observations personnelles, ainsi que par une recherche des constatations antérieurement faites sur les taches solaires depuis leur découverte, en 1610, par Galilée. Cet astronome parvint à dresser le tableau suivant des dates des maxima et minima.

*Tableau des époques des maxima et minima des taches solaires, depuis Galilée.*

| Maxima. | | Minima. | |
|---|---|---|---|
| | | 1610,8 | ±0,4 |
| 1615,0 | ±1,5 | 1619,0 | 1,5 |
| 1626,0 | 1,0 | 1634,0 | 1,0 |
| 1639,5 | 1,0 | 1645,0 | 1,0 |
| 1655,0 | 2,0 | 1666,0 | 2,0 |
| 1675,0 | 2,0 | 1679,5 | 2,0 |
| 1685,5 | 1,5 | 1689,5 | 2,0 |
| 1693,0 | 2,0 | 1698,0 | 2,0 |
| 1705,0 | 2,0 | 1712,0 | 1,0 |
| 1717,5 | 1,0 | 1723,0 | 1,0 |
| 1727,5 | 1,0 | 1733,0 | 1,5 |
| 1738,5 | 1,5 | 1745,0 | 1,0 |
| 1750,0 | 1,0 | 1755,7 | 0,5 |
| 1761,5 | 0,5 | 1766,5 | 0,5 |
| 1770,0 | 0,5 | 1775,8 | 0,5 |
| 1779,5 | 0,5 | 1784,8 | 0,5 |
| 1788,5 | 0,5 | 1798,5 | 0,5 |
| 1804,0 | 0,1 | 1810,5 | 0,5 |
| 1816,8 | 0,5 | 1823,2 | 0,2 |
| 1829,5 | 0,5 | 1833,8 | 0,2 |
| 1837,2 | 0,5 | 1844,0 | 0,2 |
| 1848,6 | 0,5 | 1856,2 | 0,2 |
| 1860,2 | 0,2 | 1867,1 | 0,1 |
| 1870,9 | 0,3 | 1878,3 | 0,1 |

Cette remarquable périodicité aurait pu être déterminée depuis longtemps, si l'Observatoire de Paris avait mis à exécution un programme qui avait paru sourire à Arago dès 1840. Cette année-là, en effet, l'éminent astronome français avait prononcé les paroles suivantes à la Chambre des Députés, dans le Rapport qu'il présenta pour demander une rémunération nationale en faveur de Daguerre :

« L'Académicien qui connaissait déjà depuis quelques mois (lorsque le projet de loi fut présenté) les préparations sur lesquelles naissent de si beaux dessins n'a pas cru devoir tirer encore parti du secret qu'il tenait de l'honorable confiance de M. Daguerre. Il a pensé que, avant d'entrer dans la large carrière que les procédés photographiques viennent d'ouvrir aux physiciens, il était de sa délicatesse d'attendre qu'une rémunération nationale eût mis les mêmes moyens d'investigation aux mains de tous les observateurs. Nous ne pourrons donc guère, en parlant de l'utilité scientifique de l'invention de notre compatriote, que procéder par voie de conjectures. Les faits, au reste, sont clairs, palpables, et nous avons peu à craindre que l'avenir nous démente.

» La préparation sur laquelle M. Daguerre opère est un réactif beaucoup plus sensible à l'action de la lumière que tous ceux dont on s'était servi jusqu'ici. Jamais les rayons de la Lune, nous ne disons pas à l'état naturel, mais condensés au foyer de la plus grande lentille, au foyer du plus large miroir réfléchissant, n'avaient produit d'effet physique perceptible. Les lames de plaques préparées par M. Daguerre blanchissent, au contraire, à tel point sous l'action de ces mêmes rayons et des opérations qui lui succèdent, qu'il est permis d'espérer qu'on pourra faire des cartes photographiques de notre satellite ; c'est-à-dire qu'en quelques minutes on exécutera un des travaux les plus longs, les plus minutieux, les plus délicats de l'Astronomie. »

Cinq ans plus tard, Foucault et Fizeau présentaient à l'Académie des photographies du Soleil, sur lesquelles les taches étaient nettement visibles, et pouvaient chaque jour être comptées et mesurées.

A la réunion de l'Association britannique de l'année 1851, à Ipswich, on exposait une image daguerréotypée de la Lune, obtenue par Bond avec le grand réfracteur de l'Observatoire de Cambridge (États-Unis). La vue de ce résultat décida Warren de la Rue à se lancer dans la même voie, et, dès le mois de septembre 1853, le professeur Phillips montrait aux Membres de l'Association britannique de beaux dessins de la Lune obtenus, non plus par daguerréotypie, mais par les procédés photographiques de Talbot. D'ailleurs, cette méthode offrait de grandes difficultés d'exécution. Le temps de pose était considérable, et il fallait suivre à la main le mouvement de la Lune pendant tout cet intervalle.

Après quelques années d'essais et de tâtonnements, Warren de la Rue réussit enfin, en 1857, à simplifier considérablement son procédé. Il se servit alors d'un télescope de Newton, de 10 pieds ($3^{m}$,04) de distance focale et 13 pouces ($0^{m}$,33) d'ouverture, mû par un mouvement d'horlogerie ; il put réduire le temps de pose à neuf ou dix secondes pour la Lune, douze secondes pour Jupiter, une minute pour Saturne, et deux à trois minutes pour les belles étoiles.

En même temps, le laborieux observateur proposait au Conseil de la Société astronomique de Londres de mettre à exécution le projet formé par sir John Herschel en 1854, et de prendre chaque jour, dans l'un des nombreux Observatoires d'Angleterre, des photographies du Soleil; une pareille étude ne pouvait manquer de donner, sur le mode de formation, la durée et le mouvement des taches solaires, des notions exactes et précises.

Cette proposition ayant été adoptée, un nouvel instrument, le photohéliographe, fut installé aux frais de la Société royale, sous le dôme de l'Observatoire de Kew.

C'est un équatorial muni d'un mouvement d'horlogerie, dont l'objectif est achromatisé pour les rayons chimiques. Il a $1^m,50$ de foyer et donne, par conséquent, des images du Soleil de $15^{mm}$ de diamètre. On les agrandit par un système oculaire convenable, jusqu'à leur donner $0^m,30$, et la nouvelle image ainsi obtenue vient se peindre sur une plaque collodionnée et sensibilisée, placée dans une chambre noire portée à l'extrémité du système oculaire. C'est avec cet instrument et sous la direction de Warren de la Rue, Balfour Stewart et Benjamin Lœwy que, du mois d'août 1858 à la fin de mars 1872, ont été faites ces séries si remarquables d'observations du Soleil, célèbres dans le monde entier, et qui ont donné les résultats suivants :

| Années. | Jours d'observation. | Images. |
|---|---|---|
| 1862 .......... | 163 | 227 |
| 1863.......... | 125 | 184 |
| 1864.......... | 164 | 249 |
| 1865.......... | 159 | 277 |
| 1866.......... | 157 | 262 |
| 1867.......... | 131 | 187 |
| 1868.......... | 174 | 285 |
| 1869.......... | 195 | 324 |
| 1870.......... | 220 | 381 |
| 1871.......... | 223 | 381 |
| 1872.......... | 10 | 21 |
| | 1721 | 2778 |

Les réductions de ces observations, ainsi que de celles de Schwabe, de Dessau, ont été faites aux frais de Warren de la Rue.

Pendant cet intervalle, l'Académie des Sciences de Saint-Pétersbourg et l'Observatoire de l'Infant don Luiz à Lisbonne commandaient à Dallmeyer des instruments tout semblables, et qui sont aujourd'hui installés à Vilna et à Lisbonne.

Vers le milieu de l'année 1872 se terminait la période décennale pendant laquelle Warren de la Rue s'était engagé à faire les frais de ces observations. Le photohéliographe de Kew fut alors démonté et envoyé dans les ateliers de Dallmeyer pour y être amélioré; au mois d'octobre 1873, il a été remonté à l'Observatoire de Greenwich, où, depuis cette époque, on a inscrit dans le service diurne l'observation quotidienne du Soleil.

Les observations nombreuses, faites surtout depuis dix ans, ont absolument confirmé la variation annuelle des taches, variation considérable, comme on le voit, puisqu'il y a des années où leur nombre surpasse 300, et d'autres où il descend au-dessous de 30. Mais il ne faudrait pas en conclure que cette variation s'effectue régulièrement. Loin de là : elle subit des fluctuations vraiment prodigieuses. Si nous voulons nous en rendre compte, examinons plus attentivement le Soleil, non plus sur un intervalle d'une année entière, mais en détail, par chaque rotation. Voici, dans ce but, les observations faites à l'Observatoire du Collége romain depuis le 23 avril 1871. La première colonne du tableau suivant indique les rotations solaires à partir de la date de la première observation; la deuxième donne la date du commencement de chaque rotation, à partir du 23 avril 1871; la troisième le nombre des protubérances comptées sur toute la surface solaire (je l'ai calculé en additionnant les deux hémisphères); la quatrième indique le nombre des jours d'observation des protubérances; la cinquième le nombre des protubérances divisé par le nombre de jours; la sixième le nombre de groupes de taches comptées sur la surface solaire; la septième leur superficie en millioniémes de la surface de l'hémisphère solaire visible; la huitième colonne, enfin, montre le nombre des jours pendant lesquels on a pu observer le Soleil, et la neuvième donne la superficie des taches divisée par le nombre des jours d'observation.

## *Statistique des taches et des protubérances comptées par rotations du Soleil.*

| 1. | 2. | 3. | 4. | 5. | 6. | 7. | 8. | 9. |
|---|---|---|---|---|---|---|---|---|
| | | | | **1871.** | | | | |
| 1... | 23 avril... | 356 | 25 | 14,2 | 27 | 4237 | 26 | 162,9 |
| 2... | 22 mai.... | 384 | 24 | 16,1 | 29 | 2080 | 26 | 80,0 |
| 3... | 19 juin... | 386 | 26 | 14,8 | 23 | 1727 | 26 | 66,4 |
| 4... | 16 juillet. | 442 | 28 | 15,8 | 19 | 2546 | 28 | 90,9 |
| 5... | 13 août... | 374 | 25 | 15,0 | 22 | 3042 | 25 | 121,9 |
| 6... | 10 sept.... | 263 | 18 | 14,6 | 20 | 1262 | 27 | 56,7 |
| 7... | 8 oct... | 200 | 14 | 14,3 | 22 | 1342 | 18 | 74,5 |
| 8... | 5 nov.... | 110 | 8 | 13,7 | 30 | 1021 | 17 | 60,0 |
| 9... | 3 déc.... | 249 | 16 | 15,6 | 17 | 1079 | 18 | 63,4 |
| | | | | **1872.** | | | | |
| 10... | 1 janvier. | 196 | 14 | 14,0 | 25 | 980 | 19 | 51,6 |
| 11... | 27 janvier. | 232 | 17 | 13,6 | 27 | 2121 | 23 | 92,2 |
| 12... | 25 février. | 216 | 14 | 15,4 | 20 | 1338 | 19 | 70,5 |
| 13... | 24 mars... | 157 | 13 | 12,1 | 28 | 1699 | 20 | 84,9 |
| 14... | 23 avril... | 219 | 18 | 12,2 | 20 | 2358 | 24 | 98,2 |
| 15... | 21 mai.... | 229 | 20 | 11,4 | 21 | 2762 | 27 | 102,3 |
| 16... | 18 juin... | 291 | 26 | 11,2 | 31 | 2648 | 27 | 98,0 |
| 17... | 16 juillet. | 355 | 28 | 12,7 | 26 | 2095 | 28 | 74,8 |
| 18... | 13 août... | 287 | 25 | 11,5 | 28 | 877 | 26 | 33,7 |
| 19... | 9 sept... | 156 | 15 | 10,4 | 19 | 1576 | 22 | 71,6 |
| 20... | 5 oct.... | 129 | 14 | 9,2 | 18 | 1205 | 19 | 63,4 |
| 21... | 5 nov.... | 130 | 11 | 11,8 | 23 | 2803 | 21 | 133,5 |
| 22... | 4 déc... | 110 | 9 | 12,2 | 17 | 1206 | 19 | 63,5 |
| | | | | **1873.** | | | | |
| 23... | 1 janvier. | 150 | 15 | 10,0 | 23 | 1332 | 20 | 66,6 |
| 24... | 29 janvier. | 200 | 19 | 10,5 | 23 | 2659 | 23 | 115,6 |

| 1. | 2. | 3. | 4. | 5. | 6. | 7. | 8. | 9. |
|---|---|---|---|---|---|---|---|---|
| | | | | **1873.** | | | | |
| 25... | 26 février. | 130 | 15 | 8,7 | 19 | 2258 | 20 | 112,3 |
| 26... | 26 mars. . | 188 | 18 | 10,4 | 17 | 1338 | 21 | 63,7 |
| 27... | 23 avril... | 180 | 17 | 10,6 | 11 | 539 | 21 | 25,6 |
| 28... | 19 mai.... | 139 | 17 | 8,2 | 10 | 877 | 22 | 39,9 |
| 29... | 15 juin... | 215 | 25 | 8,6 | 18 | 1051 | 28 | 37,5 |
| 30... | 13 juillet . | 229 | 27 | 8,5 | 16 | 1238 | 27 | 45,8 |
| 31... | 9 août... | 105 | 18 | 5,8 | 11 | 811 | 27 | 30,0 |
| 32... | 6 sept. .. | 190 | 23 | 8,3 | 15 | 713 | 25 | 28,5 |
| 33... | 3 oct. ... | 89 | 14 | 6,4 | 14 | 587 | 24 | 24,4 |
| 34... | 1 nov.... | 98 | 13 | 7,5 | 19 | 470 | 20 | 23,5 |
| 35... | 28 nov.... | 120 | 15 | 8,0 | 16 | 795 | 23 | 34,6 |
| 36... | 26 déc.... | 111 | 16 | 6,9 | 15 | 882 | 21 | 42,0 |
| | | | | **1874.** | | | | |
| 37... | 22 janvier. | 135 | 19 | 7,1 | 17 | 992 | 294 | 41,3 |
| 38... | 19 février. | 140 | 16 | 8,7 | 16 | 823 | 24 | 34,3 |
| 39... | 18 mars. . | 93 | 13 | 7,1 | 11 | 619 | 18 | 34,4 |
| 40... | 15 avril. . | 97 | 15 | 7,5 | 8 | 428 | 20 | 21,4 |
| 41... | 12 mai. .. | 107 | 15 | 7,1 | 18 | 411 | 21 | 19,6 |
| 42... | 9 juin .. | 96 | 16 | 6,0 | 12 | 1053 | 24 | 43,9 |
| 43... | 6 juillet. | 104 | 16 | 6,5 | 13 | 1855 | 28 | 66,3 |
| 44... | 3 août... | 111 | 13 | 8,5 | 11 | 1267 | 21 | 60,3 |
| 45... | 30 août... | 163 | 19 | 8,6 | 13 | 300 | 22 | 13,6 |
| 46... | 27 sept... | 75 | 10 | 7,5 | 10 | 592 | 19 | 31,2 |
| 47... | 24 oct.... | 115 | 17 | 6,8 | 8 | 344 | 19 | 18,1 |
| 48... | 21 nov.... | 35 | 7 | 5,0 | 7 | 216 | 11 | 19,6 |
| 49... | 18 déc.... | 21 | 4 | 5,2 | 6 | 63 | 8 | 7,9 |
| | | | | **1875.** | | | | |
| 50... | 15 janvier. | 68 | 13 | 5,2 | 7 | 147 | 17 | 8,6 |
| 51... | 11 février. | 69 | 9 | 7,7 | 7 | 336 | 15 | 22,4 |
| 52... | 11 mars... | 60 | 11 | 5,4 | 10 | 320 | 17 | 18,8 |

| 1. | 2. | 3. | 4. | 5. | 6. | 7. | 8. | 9. |
|---|---|---|---|---|---|---|---|---|
| | | | | **1875.** | | | | |
| 53... | 7 avril.. | 55 | 10 | 5,5 | 8 | 577 | 19 | 30,4 |
| 54... | 5 mai.... | 65 | 15 | 4,3 | 3 | 61 | 23 | 2,6 |
| 55... | 1 juin... | 45 | 12 | 3,7 | 8 | 410 | 20 | 20,5 |
| 56... | 29 juin... | 49 | 10 | 4,9 | 6 | 100 | 19 | 5,3 |
| 57... | 26 juillet. | 124 | 22 | 5,6 | 7 | 113 | 23 | 4,9 |
| 58... | 23 août... | 131 | 18 | 7,3 | 7 | 100 | 24 | 4,2 |
| 59... | 19 sept... | 53 | 7 | 7,5 | 5 | 75 | 13 | 5,6 |
| 60... | 17 oct.... | 69 | 11 | 6,3 | 7 | 228 | 15 | 15,2 |
| 61... | 13 nov.... | 46 | 8 | 5,7 | 5 | 73 | 11 | 6,6 |
| 62... | 11 déc.... | 67 | 13 | 5,2 | 8 | 104 | 15 | 6,9 |
| | | | | **1876.** | | | | |
| 63... | 7 janvier. | 51 | 7 | 7,3 | 6 | 113 | 10 | 11,3 |
| 64... | 4 février. | 51 | 10 | 5,1 | 3 | 260 | 15 | 17,3 |
| 65... | 2 mars.. | 26 | 5 | 5,2 | 7 | 132 | 7 | 18,8 |
| 66... | 30 mars.. | 51 | 8 | 6,4 | 4 | 13 | 16 | 0,8 |
| 67... | 26 avril.. | 42 | 7 | 6,0 | 3 | 33 | 16 | 2,0 |
| 68 .. | 24 mai... | 47 | 11 | 4,3 | 3 | 4 | 18 | 0,2 |
| 69... | 20 juin... | 107 | 20 | 5,4 | 6 | 89 | 22 | 4,0 |
| 70... | 18 juillet. | 104 | 19 | 5,5 | 5 | 43 | 25 | 1,3 |
| 71... | 14 août... | 105 | 19 | 5,5 | 4 | 82 | 23 | 3,6 |
| 72... | 11 sept... | 83 | 13 | 6,4 | 4 | 203 | 22 | 9,2 |
| 73... | 8 oct.... | 88 | 18 | 4,9 | 3 | 149 | 32 | 4,6 |
| 74... | 5 nov.... | 58 | 10 | 5,8 | 7 | 57 | 14 | 4,1 |
| 75... | 2 déc.... | 39 | 9 | 4,3 | 2 | 175 | 14 | 12,5 |
| | | | | **1877.** | | | | |
| 76... | 30 déc.... | 40 | 7 | 5,7 | 5 | 296 | 15 | 19,1 |
| 77... | 26 janvier. | 77 | 13 | 5,9 | 5 | 64 | 16 | 4,3 |
| 78... | 23 février. | 59 | 12 | 4,9 | 5 | 90 | 14 | 6,4 |
| 79... | 22 mars.. | 37 | 9 | 4,4 | 4 | 53 | 17 | 3,1 |
| 80... | 19 avril... | 55 | 10 | 5,5 | 7 | 107 | 14 | 7,6 |
| 81... | 16 mai.... | 95 | 19 | 5,0 | 4 | 191 | 23 | 8,3 |

| 1. | 2. | 3. | 4. | 5. | 6. | 7. | 8. | 9. |
|---|---|---|---|---|---|---|---|---|
| | | | | **1877.** | | | | |
| 82... | 13 juin.... | 54 | 13 | 4,1 | 5 | 42 | 24 | 1,7 |
| 83... | 16 juillet.. | 115 | 17 | 6,7 | 3 | 19 | 24 | 0,8 |
| 84... | 7 août... | 82 | 23 | 3,5 | 2 | 45 | 24 | 1,9 |
| 85... | 3 sept... | 42 | 10 | 4,2 | 4 | 162 | 17 | 9,5 |
| 86... | 1 oct.... | 31 | 11 | 2,8 | 1 | 28 | 14 | 2,0 |
| 87... | 28 oct.... | 54 | 15 | 3,6 | 2 | 435 | 19 | 22,9 |
| 88... | 25 nov.... | 19 | 5 | 3,8 | 1 | 42 | 7 | 6,0 |

## RÉSUMÉ.

| | Rotations. | | Moyennes | | |
|---|---|---|---|---|---|
| 1871. | 9 | Superficie moyenne des taches................ | | 2036 | |
| 1872. | 13 | Nombre total des taches.. | 303 | | |
| | » | Superficie moyenne ..... | | 1821 | |
| | » | Jours d'observation..... . | | | 294 |
| 1873. | 13 | Nombre des taches....... | 215 | | |
| | » | Superficie............... | | 1128 | |
| | » | Jours d'observation...... | | | 301 |
| 1874. | 13 | Nombre des taches....... | 159 | | |
| | » | Superficie............. .. | | 752 | |
| | » | Jours d'observation...... | | | 272 |
| 1875. | 14 | Nombre des taches....... | 91 | | |
| | » | Superficie............... | | 193 | |
| | » | Jours d'observation...... | | | 239 |
| 1876. | 13 | Nombre des taches. ...... | 57 | | |
| | » | Superficie............... | | 104 | |
| | » | Jours d'observation...... | | | 234 |
| 1877. | 13 | Nombre des taches........ | 48 | | |
| | » | Superficie............... | | 121 | |
| | » | Jours d'observation..... . | | | 228 |

Tels sont les *faits* observés depuis plus d'un demi-siècle, comparés ici dans leur ensemble, pour la première fois.

On voit que nous sommes actuellement dans un minimum.

Nous pouvons ajouter à ce tableau les observations de Palerme, intéressantes pour fixer l'époque précise de ce dernier minimum. Malheureusement, nous ne pouvons pas inscrire ici le nombre des taches observées, parce que Tacchini compte les mêmes taches plusieurs jours de suite, aussi longtemps qu'elles sont visibles, tandis que ce sont seulement les *nouvelles* qui doivent s'ajouter pour former à la fin de l'année le total des taches apparues pendant l'année. Il y a encore ici une différence de méthode qui empêche l'homogénéité de notre examen. Mais nous pouvons former un petit tableau de la fréquence relative des taches, obtenue en divisant le nombre total de taches vues chaque mois par le nombre des jours d'observation ; c'est, en somme, l'état de la surface tachée, observée toutes les fois que le temps l'a permis.

*Observations relatives au minimum de* 1877-1878.

| | Jours d'observation. | Fréquence des taches. $\frac{a}{e}$ | Fréquence des facules. $\frac{b}{e}$ | Fréquence des trous. $\frac{c}{e}$ | Fréquence des jours nuls. $\frac{d}{e}$ | Étendue des taches |
|---|---|---|---|---|---|---|
| | | | **1877.** | | | |
| Janvier.. | 6 | 2,17 | 14,33 | 16,50 | 0,17 | 14,33 |
| Février.. | 6 | 1,00 | 1,83 | 2,83 | 0,17 | 5,33 |
| Mars.... | 12 | 0,58 | 1,33 | 0,91 | 0,67 | 2,08 |

| | Jours d'observation. | Fréquence des taches. $\frac{a}{e}$ | Fréquence des facules. $\frac{b}{e}$ | Fréquence des deux. $\frac{c}{e}$ | Fréquence des jours nuls. $\frac{d}{e}$ | Étendue des taches. |
|---|---|---|---|---|---|---|
| | | | **1877.** | | | |
| Avril. . | 21 | 1,76 | 4,86 | 6,62 | 0,28 | 6,14 |
| Mai. . . . | 15 | 1,40 | 4,39 | 5,79 | 0,13 | 5,07 |
| Juin. . . . | 27 | 1,22 | 4,44 | 5,66 | 0,22 | 5,18 |
| Juillet. . | 17 | 0,53 | 3,06 | 3,59 | 0,53 | 0,88 |
| Août. . . . | 28 | 0,78 | 1,32 | 2,10 | 0,61 | 1,42 |
| Sept. . . . | 18 | 1,22 | 3,94 | 5,15 | 0,22 | 7,83 |
| Oct. . . . . | 10 | 0,00 | 0,00 | 0,00 | 1,00 | 0,00 |
| Nov. . . . | 11 | 2,45 | 4,73 | 7,18 | 0,27 | 25,64 |
| Déc. . . . . | 10 | 0,60 | 0,20 | 0,80 | 0,50 | 1,00 |
| Moyenne. . . | | (1,14) | (3,70) | (4,76) | (0,40) | (6,24) |
| | | | **1878.** | | | |
| Janvier. | 5 | 0,20 | 0,20 | 0,40 | 0,60 | 0,40 |
| Février. | 18 | 0,39 | 2,55 | 2,94 | 0,83 | 0,86 |
| Mars. . . | 19 | 0,95 | 3,21 | 4,16 | 0,37 | 2,90 |
| Avril. . . | 22 | 0,00 | 0,09 | 0,09 | 0,91 | 0,07 |
| Mai. . . . . | 20 | 0,75 | 2,40 | 3,15 | 0,70 | 7,43 |
| Juin. . . . | 24 | 1,25 | 5,37 | 6,63 | 0,42 | 4,60 |

Ces chiffres montrent que le minimum de l'activité solaire, que l'on attendait pour 1877, est plutôt arrivé en 1878. C'est au mois d'avril 1878 qu'il y a eu le moins de taches, le moins de facules, et le plus de jours sans taches et sans facules. Pendant 65 jours entiers, du 20 mars au 24 mai, on n'a aperçu aucune tache. Je n'en ai pas vu une seule non plus du 14 septembre au 25 octobre. Les protubérances ont été également très-rares et très-faibles.

Il est curieux de remarquer que les deux premiers trimestres de l'année 1878 sont à peu près analogues, les taches et facules ayant augmenté progressivement pendant trois mois, pour recommencer le même mouvement les trois mois suivants.

L'observateur de Palerme fait remarquer que « la granulation a été presque toujours splendide, accompagnée d'un grand nombre de taches et de trous voilés, avec de petites facules, que l'on a vues disparaître dans quelques cas, ou se former dans un temps très-court. Un grand nombre des trous et des taches voilés formaient des groupes spéciaux et plus fréquents dans l'hémisphère boréal ; ces phénomènes étaient bien distincts sur toute la surface du Soleil, à cause évidemment du calme général ; nous assistons au travail élémentaire qui renouvelle incessamment la photosphère à travers l'enveloppe coronale, plus transparente parce qu'on n'y trouve plus cette énorme quantité de vapeurs qui s'élèvent et se répandent à l'époque du maxima des taches. »

On voit par ces tableaux que la variation ne s'opère pas régulièrement ; soit que l'on considère les nombres bruts, soit que l'on examine la proportion par jour d'observation, les fluctuations sont prononcées. Comme les taches durent généralement plusieurs jours, et souvent des semaines entières, qu'on ait observé le Soleil pendant les 28 jours consécutifs d'une rotation, ou que des lacunes d'un ou deux jours soient semées dans le cours d'une rotation, de manière à ne laisser que 27, 26, 25 ou même 24 jours d'observation, le résultat définitif doit peu différer quant au nombre des taches et même quant à leur superficie. Mais il est évident que s'il y a des lacunes de 8 ou 15 jours consécutifs, ou davantage, comme par exemple en novembre et décembre 1874, et de septembre à décembre 1875, le résultat est inférieur à la réalité; dans ce cas, les nombres de la dernière colonne ont leur importance. On constate, par exemple, qu'il y a un maximum de surface tachée à la 1re rotation, à la 5e, à la 15e, à la 21e, à la 24e, à la 43e, à la 60e, aux 64e et 65e et à la 87e, tandis qu'il y a un minimum non moins évident à la 6e, à la 10e, à la 18e, à la 27e, à la 34e, à la 41e, à la 45e, aux 49e et 50e, ainsi qu'aux 54e, 66e, 68e et 83e. Ce sont là, assurément, de fort curieuses preuves des fluctuations de l'activité solaire.

Les observations solaires faites à Moscou depuis 1872 par Brédichin, et que nous avons reçues de cet habile observateur (*Annales de l'Observatoire de Moscou*, t. III), confirment exactement les observations romaines. Depuis le maximum de 1870, l'activité solaire (taches et protubérances) a diminué jusqu'en 1877.

Tels sont les faits d'observations relatifs à la variation des phénomènes de la surface solaire.

La périodicité est évidente et incontestable pour les taches. Est-elle aussi évidente pour les protubérances, et les taches sont-elles les formes diverses d'une même activité intérieure de l'astre colossal qui nous éclaire? Rendons-nous compte du second phénomène avec tout le soin que nous venons de mettre à nous rendre compte du premier.

# II.

## STATISTIQUE DES ÉRUPTIONS SOLAIRES.

Depuis la mémorable découverte de Janssen, qui permet d'observer constamment les protubérances solaires, au lieu d'attendre les moments si rares et si fugitifs des éclipses totales, on s'est appliqué, principalement en Italie, à vérifier chaque jour le bord du Soleil au spectroscope, et à compter et mesurer les protubérances qui s'y manifestent. Respighi a commencé cette statistique à Rome, le 26 octobre 1869, et le P. Secchi le 23 avril 1871. Bientôt après, elle était également organisée à Palerme par Tacchini.

Pour l'exposé suivant, qui résume la discussion faite sur ce sujet par Secchi, il faut d'abord distinguer entre le nombre *absolu* des protubérances et leur nombre *relatif*. Le premier dépend de l'assiduité de l'observateur, de l'état du ciel, de la bonté de l'instrument et du critérium de l'observateur lui-même; c'est le nombre brut des observations recueillies. Ce nombre doit être modifié par des corrections convenables, pour le rendre comparable aux autres. Ainsi, pendant un beau mois d'été, on recueillera une abondante moisson d'observations, car on peut les faire chaque jour dans des conditions favorables. En hiver, ce sera le contraire : le mauvais temps restreindra beaucoup le nombre des jours d'observations; on aurait donc tort de juger la fréquence moyenne des protubérances par les chiffres enregistrés : il est évident qu'il faut les rapporter à chaque jour individuel en divisant la somme par le nombre des jours, pour obtenir la fréquence relative ; mais, s'il s'agit d'étudier seulement la distribution de ces objets sur le bord solaire, cette opération n'est pas nécessaire, car (pourvu que les bords soient complets) le nombre, pour une certaine partie du contour, sera toujours relatif au total noté.

Dans le tableau précédent (p. 15 à 18), on a résumé : d'abord la date approchée du commencement de la rotation, en prenant la durée synodique de vingt-sept et de vingt-huit jours alternativement ; ensuite, dans la colonne 3, le nombre total absolu des protubérances enregistrées, puis, dans la colonne 4, le nombre des jours d'observation pour chaque rotation. Dans la seconde partie de ce même tableau, on a enregistré le nombre des groupes *nouveaux* de taches qui ont paru dans chaque rotation ; mais, comme la quantité des taches est évaluée trop arbitrairement par ce nombre, on en a donné la superficie telle qu'elle est mesurée sur les dessins journaliers, l'unité de surface étant un carré de 8″ de côté ; suit le nombre des jours d'observation des taches, et enfin leur superficie divisée par le nombre des jours d'observation, comme nous l'avons vu.

L'examen de ce tableau conduit aux conclusions suivantes :

1° Si nous considérons le nombre moyen des protubérances visibles sur le bord solaire, sans aucune distinction de grandeurs, nous voyons que ce nombre varie beaucoup avec le temps ; il y a à certaines époques une diminution très-sensible, qui arrive presque à une disparition absolue. On la saisit facilement sur notre *fig.* 3. Dans la courbe ABCD, les coordonnées représentent le nombre des protubérances, et les abscisses les rotations, à 62 du tableau précédent. On voit com-

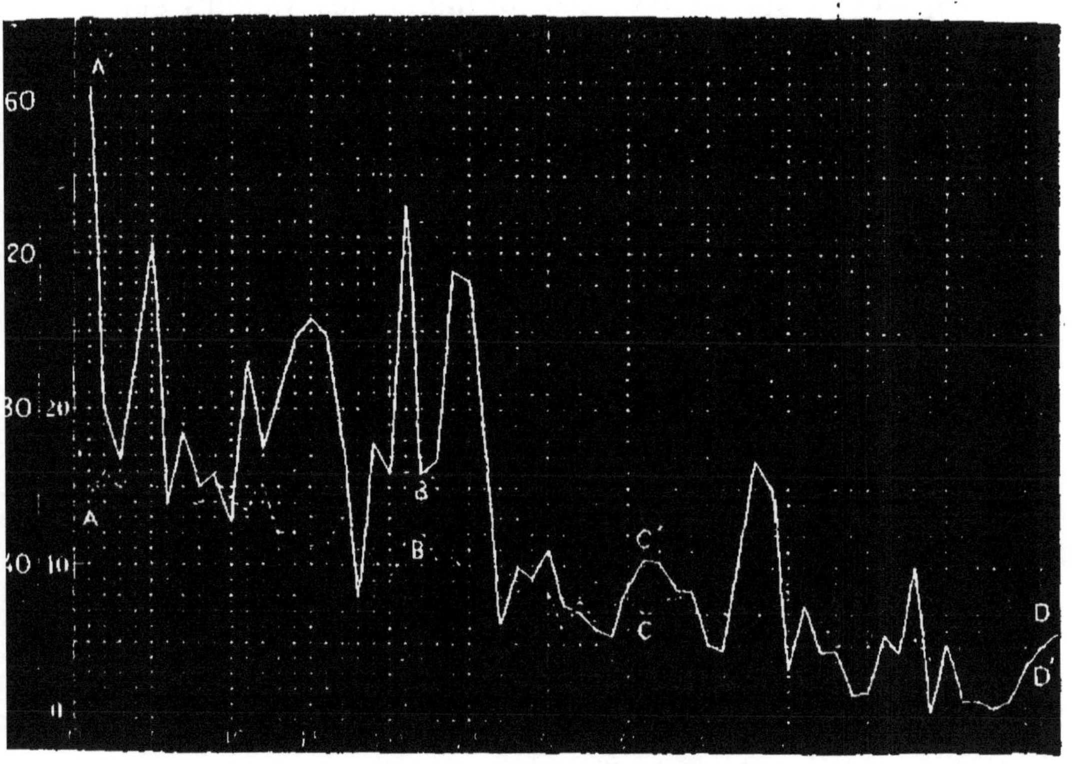


Fig. 3. — Variation des protubérances.

bien cette diminution est progressive. Déjà, à la 20^e^ rotation, le nombre des protubérances est réduit à un tiers, et de 15 il est descendu à 10. Cette diminution continue toujours, et à la 50^e^ et à la 60^e^ rotation nous sommes au-dessous du tiers. Cette diminution est frappante si l'on considère les jours isolés. Au commencement, on avait souvent jusqu'à quarante protubérances séparées, et dans les derniers jours on en a eu quelquefois deux ou trois seulement. Cette diminution est encore plus frappante après l'évaluation de leur superficie. On trouve, par exemple, les valeurs suivantes :

| Rotation. | Superficie. |
|---|---|
| 3e | 11634 |
| 20e | 1222 |
| 40e | 1129 |
| 55e | 637 |

2° Si nous considérons uniquement les protubérances dont la hauteur dépasse 40″, nous trouvons une diminution encore plus notable à partir de la 6e rotation (septembre 1871); cette diminution a continué, sauf de petites oscillations, jusqu'à la fin.

3° Si l'on considère les protubérances dont la hauteur dépasse 64″, la diminution est encore plus frappante à partir de la 5e rotation. Il y a donc eu un maximum d'activité entre la 1re et la 5e rotation, c'est-à-dire depuis le mois d'avril jusqu'au mois d'août 1871; ce maximum a été suivi d'une époque de calme relatif dans la force qui produit les protubérances. Ce calme a progressé jusqu'à la fin.

4° Avec la diminution du nombre, nous devons encore signaler le défaut presque absolu d'éruptions vives et donnant des spectres métalliques, et l'absence presque générale de l'inclinaison accentuée et de la courbure des jets.

A la courbe des protubérances, dans la *fig.* 3, on a ajouté la courbe A'B'C'D' de l'étendue moyenne dans chaque rotation de la superficie des taches; on voit que les deux courbes marchent dans le même sens, mais sans qu'il y ait proportionnalité. La courbe des taches présente plus d'irrégularité et de saccades. Si nous tenions compte seulement du nombre des groupes, le résultat serait faussé en partie; car, dans la dernière période, la surface totale des taches est singulièrement réduite, quoique leur nombre n'ait pas diminué d'une manière très-sensible.

Les faits observés montrent que :

Les protubérances, les taches et les facules les plus brillantes, et surtout les éruptions, se produisent principalement dans les mêmes régions solaires.

Les maxima de ces phénomènes se produisent aux mêmes époques. Cette dernière loi cependant n'est vraie qu'avec quelques restrictions : le maximum des protubérances dure plus longtemps que celui des taches.

Cette coïncidence ne se vérifie que si l'on examine les durées entières de la rotation du Soleil; pour les observations individuelles, elle semble être en défaut, parce que les taches et les protubérances ne peuvent s'observer simultanément, les taches n'étant visibles que dans l'intérieur du disque, tandis qu'on ne peut suivre les protubérances que sur le contour.

De tous ces faits, nous devons conclure qu'il existe une relation étroite entre ces deux ordres de phénomènes.

Les périodes de minimum des taches et des protubérances ne représentent pas, naturellement, un état de mort pour le Soleil, ni même un état de sommeil, mais seulement un état de repos relatif. C'est ce que met parfaitement en évidence la série suivante de comptes rendus solaires envoyés à l'Académie des Sciences pendant l'année 1877, sur cette période que nous pourrions appeler *le repos solaire de* 1877.

A la séance du 16 avril, M. Janssen lut la Communication suivante :

« J'ai l'honneur de présenter à l'Académie deux photographies solaires obtenues à l'Observatoire de Meudon, et qui présentent un intérêt particulier. Ces photographies montrent qu'une tache solaire très-importante s'est formée sur le Soleil du 14 au 15 avril.

» En effet, dans la photographie du 14 (vers $8^h$ du matin, temps moyen de Paris), la surface solaire est absolument exempte de taches. Or, sur cette photographie, le diamètre du disque est de $0^m,30$, et les granulations de la surface sont d'une telle netteté qu'un noyau de tache, n'eût-il que 1″ à 2″ de diamètre, y serait aisément perceptible. Mais la photographie du jour suivant, dimanche 15, à la même heure, présente dans l'hémisphère sud, près de la ligne des pôles, un peu à l'occident et dans la région élective, en un mot près du centre du disque, un espace de près de 2′ de diamètre couvert de taches. Les plus considérables de ces taches présentent des noyaux de 15″ et 20″ de diamètre [1] avec de larges pénombres de figures très-tourmentées.

(1) Vue du Soleil, la Terre présente un diamètre de 17″,7.

» Mon objet n'est pas de décrire ces taches : je ne m'occupe ici que de l'importance du phénomène qui s'est produit d'une manière aussi subite. Il est de l'ordre des grands phénomènes de taches que nous présente le Soleil à l'époque d'un maximum, et il montre qu'on ne s'était pas fait jusqu'ici une idée exacte de l'état de la surface photosphérique quand l'astre est dans une période de minimum. On admet généralement que la photosphère est alors dans une sorte de repos, et que la rareté des taches est due à cette absence d'activité. Des faits déjà nombreux, et qui viennent de recevoir du remarquable phénomène de dimanche dernier une confirmation et une extension considérables, montrent que ces idées sont inexactes. Nous sommes conduits à admettre que, si dans ces périodes les taches sont rares, c'est qu'il y a alors une tendance très-marquée à la dissolution, à la disparition des phénomènes dès leur naissance. Déjà, depuis le peu de temps que nos séries d'images solaires sont commencées, nous avons pu constater des faits nombreux de petites taches apparaissant et disparaissant dans l'espace de un à deux jours.

» Quant au phénomène du 15 avril, nous croyons pouvoir lui prédire une prompte extinction; sa configuration va changer rapidement, les noyaux se segmenteront pour disparaître peu après. Il ne serait pas surprenant que les taches actuelles, qui à l'époque d'un maximum eussent pu accomplir plusieurs rotations solaires, soient presque disparues avant d'avoir atteint, samedi prochain, le bord occidental du disque.

» Si notre climat était plus beau, il eût été bien intéressant de prendre des photographies très-fréquentes qui eussent permis de suivre pas à pas les transformations successives du phénomène jusqu'à sa disparition. On en eût tiré sans doute de nouvelles lumières sur les causes encore si peu connues qui amènent ces grandes déchirures de la photosphère.

» Quoi qu'il en soit, on voit combien sont importantes ces séries photographiques. Dès leur début, elles nous donnent des faits importants touchant la constitution du Soleil. Or, en Astronomie physique, je crois que nous devons nous attacher fortement et pour longtemps à l'étude du Soleil. Cet astre est pour nous comme un résumé de la forme stellaire, et sa grande proximité nous fournit les moyens les plus faciles et les plus précieux d'étudier les problèmes qui se rapportent à la constitution de l'Univers. »

Le P. Denza ajouta à la Communication précédente les remarques qui suivent (séance du 30 avril); elles es confirment entièrement :

« Déjà depuis quelques années nous observons régulièrement les taches solaires, entre midi et $1^h$, heure moyenne de Rome, tous les jours que le temps nous le permet. L'image du Soleil se dessine, au moyen d'un excellent réflecteur de Fraunhofer de $4^{po}$ d'ouverture, sur un disque dont le diamètre est de $103^{mm}$ et qui est divisé en petits carrés dont le côté est de $1^{mm}$. Nos observations sont publiées par M. Rudolf Wolf, de Zurich, dans ses *Astronomische Mittheilungen* et dans notre *Bulletin météorologique* de l'Observatoire de Moncalieri.

» Or, depuis le 22 mars jusqu'au 15 avril, la saison

nous a permis d'observer le Soleil pendant treize jours. Pendant tout ce temps, la surface solaire se montra entièrement privée de taches ; une tache excessivement petite, qui s'était produite du 5 au 6 sur le bord oriental, se laissa voir jusqu'au 8 ; le 12, elle avait déjà disparu.

» Le 15, au contraire, à midi 46$^m$, heure moyenne de Rome, nous observâmes le beau groupe de taches que vous avez indiqué. Nos observations combinées avec les vôtres font voir que les taches se sont formées pendant l'après-midi du 14, ou pendant les premières heures du matin du 15. La région qu'occupait le groupe de taches se trouvait dans l'hémisphère austral, à l'occident de la ligne des pôles, de sorte que son bord oriental était presque tangent à cette ligne, et son bord septentrional arrivait à environ 2′50″ d'arc au sud de la ligne de l'équateur. Le groupe se trouvait donc au milieu de la région des taches. Son étendue était de 1′50″ en largeur et de 1′15″ en hauteur. Nous comptâmes douze taches dans ce groupe ; la plus grande, qui avait environ 17″ de diamètre, avait deux noyaux très-distincts et entourés d'une belle pénombre.

» Le mauvais temps ne nous a plus permis de continuer nos observations ; nous n'avons pu les reprendre que le 20 ; à ce jour, le groupe déjà observé se trouvait alors au bord sud-est, entouré de clartés très-luisantes, tandis qu'un autre groupe moins important avait commencé à paraître au bord nord-est. Le 21, le premier groupe avait complétement disparu. Pendant les mois dernièrement écoulés, nous avons aussi observé plusieurs fois la formation ou la disparition de taches au beau milieu du disque solaire ; mais, en général, ces taches étaient de petite grandeur. »

Le 10 juin suivant, le P. Secchi écrivait, à son tour, à l'Académie :

« En attribuant à l'atmosphère solaire actuelle un état de calme, je n'ai pas entendu que le Soleil fût *frappé d'immobilité absolue ;* il est clair qu'on ne peut indiquer qu'un calme relatif.

» Les signes caractéristiques de cette activité me paraissent pouvoir être réduits aux suivants :

» 1° Le nombre des taches ; 2° leur étendue ; 3° le nombre et l'étendue des protubérances ; 4° la quantité des facules ; 5° le mouvement des jets gazeux qui sortent de l'astre.

» Le nombre des taches ne suffit pas. En effet, dans le calcul du nombre des taches, les divers observateurs suivent des règles très-différentes : les uns considèrent chaque point noir comme une tache, sans distinction de grandeur, d'autres marquent seulement les groupes indépendants, d'autres enfin ne comptent que les grandes taches.

» La méthode que j'ai adoptée pour éviter toute confusion est la suivante : j'applique un chiffre progressif seulement aux groupes indépendants. De plus, j'ajoute l'aire occupée par la tache ; chaque millimètre de l'image correspondant à 21,56 millionièmes de la surface de projection du disque solaire entier.

» Outre les taches, il faut encore noter, comme caractères de l'activité solaire, les protubérances observées au spectroscope et marquer leur nombre et leur étendue. Bien que l'observation ait déjà constaté une relation entre ces deux classes de phénomènes, ils ne suivent pas rigoureusement les mêmes lois. Ainsi les protubérances hydrogéniques s'étendent à tous les points du Soleil, tandis que les taches se bornent à des zones définies; celles-ci paraissent bornées seulement aux protubérances nommées par nous *métalliques*. Il est certain qu'à l'époque actuelle le nombre des protubérances est considérablement diminué et que leurs dimensions sont très-réduites.

» On doit encore mettre en ligne les facules. En 1870, elles se rencontraient sur presque tout le pourtour du disque; actuellement, elles ne se trouvent que sur un arc de très-petite étendue, situé près de l'équateur.

» Le calme actuel de l'atmosphère solaire se reconnaît immédiatement à la direction des jets sortis de la chromosphère. Autrefois ces jets étaient plus ou moins inclinés, ce qui prouvait l'existence de courants violents dans cette couche. Actuellement ces jets sont droits, et perpendiculaires au bord solaire, malgré leur hauteur considérable.

» Ces caractères nous ont permis d'affirmer que l'époque à laquelle le Soleil présente un minimum de taches est une époque d'activité minima. Cependant M. Janssen croit qu'il est inexact de considérer la surface solaire comme se trouvant dans un calme relatif; d'après lui, une telle différence « paraît due à une » tendance à la dissolution de toute tache qui vient à » se produire plutôt qu'à un repos réel de la couche « photosphérique. »

» Cette distinction subtile, indiquée par le savant

académicien, et qu'il se réserve de mieux développer, me paraît supposer une fausse opinion sur la structure des taches, à savoir qu'elles pourraient se maintenir longtemps sans la continuation de l'éruption. Or, d'après mes longues observations, les taches ne subsistent que très-peu de temps après que l'éruption a cessé de fournir de la matière, de sorte que leur peu de durée nous indique aussi une courte durée de l'éruption, et par là une faible activité solaire. Les observations antérieures à l'invention du spectroscope nous avaient déjà prouvé que la tache pendant sa durée n'est jamais parfaitement immobile ; elle se modifie continuellement, de sorte qu'elle est alimentée par une action continue provenant du fond du Soleil : après des mesures micrométriques rigoureuses, nous avons prouvé qu'elles changent de dimensions et se renouvellent de temps en temps et que, si ce renouvellement se ralentit, la tache disparaît bientôt. Le spectroscope a confirmé cette conjecture, car une tache qui se présente sans être accompagnée d'une éruption se ferme bien vite, à moins qu'il n'y ait un renouvellement discontinu, rendu sensible par d'autres caractères de ses formes.

» De plus, dans mes discussions sur la nature et l'origine des taches, lorsqu'on m'objectait que les masses rejetées de l'intérieur à l'extérieur devaient bientôt se dissoudre, j'ai toujours répondu que cette dissolution avait certainement lieu, mais que la matière dissoute était remplacée par une nouvelle matière qui sortait et que la tache se trouvait renouvelée au fur et à mesure qu'elle était alimentée par l'éruption. Cette conviction a été produite en moi par la comparaison prolongée des phases des taches et des éruptions visibles aux bords solaires. Or, s'il en est ainsi, il est évident que la courte durée des taches suppose aussi une courte durée dans l'éruption, et par là l'activité solaire serait déjà accusée par cette dissolution rapide des taches.

» Ajoutons qu'en général les taches se dissolvent plus vite aux époques de grande activité : c'est ce qu'avaient déjà constaté les anciens observateurs; ainsi nous n'avons aucune preuve que cette dissolution soit réellement plus rapide dans les époques de minimum. S'il y a une règle pour le temps de cette dissolution, c'est que la durée d'une tache est proportionnelle à sa grandeur; et c'est pour cela que la tache observée le 15 avril a duré quelque temps, car elle était un peu plus grande que les autres taches parues dans l'époque actuelle. L'éruption durait encore à l'époque où cette tache s'était couchée le 21, comme nous l'avons constaté, par une petite éruption qui couronnait la place où elle avait disparu. »

Tacchini envoyait en même temps à l'Académie le tableau statistique complet de la fréquence des éruptions métalliques solaires observées à Palerme depuis 1871 jusqu'en avril 1877, c'est-à-dire dans un intervalle compris entre un *maximum* et un *minimum* de taches. C'est la première fois que les spectroscopistes observent les protubérances et les autres phénomènes solaires pendant un *minimum* de taches. Voici ce tableau. Ces éruptions sont indiquées suivant leur distance au pôle nord du Soleil.

| D. P. N. | 1871. | 1872. | 1873. | 1874. | 1875. | 1876. | 1877. |
|---|---|---|---|---|---|---|---|
| De 0° à 10°... | 0 | 0 | 0 | 0 | 0 | 0 | 0 |
| De 10 à 20... | 0 | 0 | 0 | 0 | 0 | 0 | 0 |
| De 20 à 30... | 1 | 0 | 1 | 0 | 0 | 0 | 0 |
| De 30 à 40... | 2 | 0 | 1 | 0 | 0 | 0 | 0 |
| De 40 à 50... | 15 | 4 | 2 | 0 | 0 | 0 | 0 |
| De 50 à 60... | 23 | 4 | 6 | 2 | 0 | 0 | 0 |
| De 60 à 70... | 34 | 14 | 14 | 19 | 0 | 0 | 0 |
| De 70 à 80... | 40 | 20 | 23 | 25 | 3 | 0 | 1 |
| De 80 à 90... | 37 | 21 | 19 | 21 | 3 | 0 | 0 |
| De 90 à 100... | 23 | 23 | 26 | 20 | 1 | 7 | 0 |
| De 100 à 110... | 31 | 18 | 24 | 19 | 2 | 7 | 0 |
| De 110 à 120... | 22 | 7 | 13 | 9 | 0 | 1 | 0 |
| De 120 à 130... | 8 | 0 | 0 | 3 | 0 | 0 | 0 |
| De 130 à 140... | 0 | 0 | 0 | 0 | 0 | 0 | 0 |
| De 140 à 150... | 0 | 0 | 0 | 0 | 0 | 0 | 0 |
| De 150 à 160... | 0 | 0 | 0 | 0 | 0 | 0 | 0 |
| De 160 à 170... | 0 | 0 | 0 | 0 | 0 | 0 | 0 |
| De 170 à 180... | 0 | 0 | 0 | 0 | 0 | 0 | 0 |

Un simple coup d'œil sur les chiffres ci-dessus suffit pour reconnaître que, dans cette période d'observation, les éruptions dans les années de maximum ne sont pas confinées dans des zones spéciales, mais s'étendent sur une large zone dans les deux hémisphères, avec une diminution de fréquence de l'équateur aux pôles, tandis qu'à partir du maximum des taches pour arriver au minimum, la zone des éruptions s'est considérablement rétrécie, de manière que si, en 1871, elle était comprise entre + 70° et — 40° de latitude, en 1875 elle était déjà réduite entre + 20° et — 20°, en 1876 seulement entre zéro et — 21°, et dans les quatre premiers mois de 1877 réduite pour ains dire à zéro. « La surface du Soleil, ajoutait Tacchini, se trouve dans un état calme ou de repos *relativement* aux grands phénomènes observés à l'époque du maximum des taches solaires. On arrivera à cette conclusion même avec les photographies de M. Janssen, s'il peut les continuer jusqu'au nouveau maximum en 1882, quoique les photographies soient insuffisantes pour donner une idée exacte du mouvement des enveloppes solaires; ces enveloppes sont si intimement reliées entre elles, que les phénomènes que nous observons dans la chromosphère ne seront jamais indépendants de ceux de la photosphère, comme semble le supposer M. Janssen. En effet, pour l'étude de la photosphère, il s'en tient à présent uniquement à ses photographies, tandis que d'un autre côté il rappelle la dépendance entre la présence des taches et des protubérances; mais encore, s'il arrive à exécuter une série assez étendue d'observations spectroscopiques du bord, il se convaincra que ladite dépendance n'est pas de rigueur, comme l'indique son télégramme de Simla, et que tous les phénomènes solaires doivent être pris en considération pour bien juger du mouvement à la surface de l'astre.

» A l'époque du minimum actuel, le seul phénomène qui reste encore est presque aussi actif et presque aussi étendu qu'à l'époque du maximum : c'est la circulation du magnésium et de la raie 1464 K, c'est-à-dire la circulation ou éruption élémentaire qui renouvelle continuellement la photosphère en forme de granulations. Quand ce travail redeviendra plus actif, aux simples grains s'ajouteront beaucoup de facules, des protubérances non reliées aux taches : la chromosphère sera plus vive ; d'abord on aura des éruptions lentes, puis des taches et des protubérances d'éruptions métalliques nombreuses, enfin des phénomènes secondaires et tout ce qui constitue le maximum ; il y aura certainement correspondance du maximum des aurores boréales et des perturbations magnétiques à la surface de la Terre, correspondance qui a lieu même à présent pour le minimum. »

Sans entrer en ce moment dans aucune discussion de détail, le point intéressant pour nous était de constater d'abord ici que l'activité du Soleil se manifeste sous diverses formes, mais qu'elle est soumise à une *variation périodique incontestable.*

# III.

## NATURE DES TACHES SOLAIRES.

Le temps est-il enfin venu de nous former une opinion bien fondée sur la nature de ces taches? Maintenant que nous connaissons leur manière d'être et leurs rapports avec les autres formes de l'activité solaire, pouvons-nous établir leur théorie définitive ?

« Tant que l'observation des taches est restée limitée à l'examen des noyaux et des pénombres, dit Secchi, la question n'a fait que peu ou point de progrès : c'était comme si l'on avait étudié une fabrique en n'examinant que son *plan* sans connaître son *élévation*. On pouvait bien examiner les changements de forme, la distribution, les périodes d'activité et de calme, etc.; mais, étant toujours dans la plus grande ignorance sur tout ce qui se passait au-dessus d'elles, on restait sans renseignements sur leur origine et leur mode de formation. Si l'on risquait une explication, elle était purement hypothétique; ce n'était jamais ce que doit être une théorie physique, l'expression d'un fait bien constaté. Le spectroscope nous ayant révélé l'existence des éruptions métalliques et le fait matériel de leur coexistence avec les taches, nous trouvons là un point d'appui solide, et la question se trouve actuellement ramenée à relier entre eux deux faits parfaitement incontestables l'un et l'autre, et à mettre en évidence les liens intimes qui les unissent.

» La conviction à laquelle nous sommes arrivé après cette longue série d'études est celle-ci : *La tache est formée par la matière même que l'éruption projette sur le disque solaire ; la région obscure est due à l'absorption exercée par les vapeurs qui sont sorties du sein du corps solaire et qui s'interposent entre l'observateur et la photosphère.* »

Pour prouver cette thèse, il faut d'abord observer que, comme l'éruption se voit sur le bord, ainsi elle doit naturellement continuer quelque temps après, même lorsque la rotation du Soleil a porté sur le disque les points qui étaient sur le bord. La permanence de l'éruption est constatée par le fait que les raies lumineuses partent souvent des noyaux et vont rejoindre celles qui brillent hors du limbe lui-même.

Cette masse ainsi projetée se trouve alors placée entre la photosphère et l'observateur, et elle doit exercer une absorption élective selon la nature des gaz. Or on trouve une preuve évidente de cette absorption dans cette remarque, que les mêmes raies qui sont brillantes dans les protubérances sont aussi celles qui deviennent plus sombres et plus larges dans les taches. C'est donc la même substance qui agit dans les deux circonstances; seulement, dans le premier cas, nous voyons le spectre direct, tandis que dans le second nous observons le même spectre renversé par l'absorption. C'est ainsi que les mêmes métaux, sodium, magnésium, calcium, fer, etc., qu'on observe plus habituellement dans les protubérances éruptives, sont aussi ceux qui produisent à l'intérieur des taches la dilatation des raies noires.

Ce point, une fois admis, il est très-facile de concevoir comment une éruption peut donner naissance à une tache. La matière soulevée au-dessus du niveau général, par une cause ou par une autre, rayonne directement vers nous tant qu'elle est sur le bord oriental en dehors du disque et qu'elle se projette pour nous sur le ciel : c'est alors une protubérance. Mais la rotation solaire la déplace et l'amène en un point où elle s'interpose entre la photosphère et l'œil de l'observateur ; elle doit alors absorber les radiations photosphériques, donner naissance à des raies obscures et diminuer l'éclat visible de la partie du Soleil sur laquelle elle se projette : c'est une tache ; elle doit produire pour le sodium, par exemple, l'effet qu'on observe quand on brûle du sodium devant la fente du spectroscope dirigé sur le Soleil : les raies du métal paraissent diffuses et élargies sur le disque solaire. Comme la masse éruptive renferme un grand nombre de substances, elle doit absorber non-seulement les raies métalliques, mais aussi des rayons dans toutes les parties du spectre, et c'est ce qu'on reconnaît dans l'observation spectrale en voyant le champ de l'instrument devenir plus sombre dans la région correspondante.

Ainsi donc, dans l'opinion du regretté Directeur de l'Observatoire du Collége romain, cette particularité fondamentale qui relie le phénomène des taches à celui des éruptions est parfaitement certaine, et elle est absolument indépendante des hypothèses que l'on peut émettre pour expliquer le soulèvement des masses éruptives. Telle est la partie essentielle de sa théorie ;

il ne reste plus qu'à rendre compte de certains détails intéressants.

Comment se fait-il que les taches ne soient pas toujours accompagnées d'éruptions? L'observation directe nous avait déjà appris, indépendamment de l'analyse spectrale, que chaque tache traverse dans son existence deux périodes bien nettement tranchées : la première est celle de la formation, où l'agitation est à son comble; la seconde est une période de tranquillité et d'épuisement, où les mouvements sont beaucoup moins violents. Cette seconde phase est surtout caractérisée par la figure ronde et l'aspect cratériforme que présente la tache.

Cette remarque rend facile la réponse à la question que nous venons de poser. Si une tache se présente au bord du disque pendant qu'elle est encore dans la période de formation et d'agitation, on devra constater l'existence de masses éruptives, tandis qu'il n'y aura rien de semblable si elle y arrive dans la seconde phase.

Mais nous pouvons compléter cette explication en entrant dans des détails plus circonstanciés. « Dans les bouleversements solaires, comme dans les phénomènes que présentent nos volcans, après la première période de grande activité, où de grandes quantités de vapeurs sont lancées dans l'atmosphère, l'éruption continue d'une manière plus calme et sans mouvements violents; puis l'orifice se ferme progressivement et complétement. Il y a donc une première phase plus ou moins violente qui lance la matière chromosphérique au-dessus du niveau ordinaire; elle est caractérisée par des tourbillons et par des jets paraboliques. A cette éruption active succèdent des émanations paisibles et tranquilles qui produisent des flammes, des amas brillants, des cônes et des rayons. L'observation prouve que ces éruptions moins violentes se manifestent de préférence au-dessus des taches rondes : parvenues à la période de tranquillité qui précède leur disparition, elles sont encore couronnées de facules ; mais, lorsque celles-ci disparaissent, les taches, en arrivant au bord, ne présentent plus que des flammes chromosphériques à peine visibles ; quelquefois même on n'aperçoit rien qui ressemble à une protubérance. Enfin, toute proéminence peut disparaître, car la nappe absorbante ne reste pas toujours suspendue comme un nuage dans l'atmosphère qui environne le Soleil ; elle descend par son poids et s'appuie sur la couche brillante comme une masse d'huile sur l'eau : la masse d'huile forme dans la couche liquide située au-dessous d'elle une cavité dans laquelle elle semble reposer comme dans un vase : il en est de même de la nappe absorbante, dont le poids produit dans la photosphère une dépression bien marquée, une espèce de cuvette qui la limite et la contient. »

La seconde objection est plus sérieuse. De ce que nous venons de dire, il semble résulter que les taches devraient toujours être, comme les brouillards et les nuages, plus denses au centre et plus diffuses sur les bords : c'est ce que disait Galilée; or c'est précisément le contraire qui a lieu, car la ligne de séparation entre le noyau et la pénombre est parfaitement tranchée, ainsi que celle qui limite extérieurement la pénombre.

Cette objection nous paraît facile à réfuter; mais avant tout, il est nécessaire de préciser les faits.

Nous avons déjà fait observer que, si la limite entre le noyau et les courants qui envahissent l'intérieur de la tache est très-tranchée, il n'en est pas tout à fait ainsi de la limite entre la pénombre et la photosphère. Le spectroscope nous montrait les raies sur ces taches effilées près du bord de la pénombre extérieure; et, à mesure qu'on emploie de plus forts grossissements, cette limite devient toujours moins tranchée. La Photographie est venue enfin confirmer cette remarque. Nous reproduisons ici la photographie d'une tache prise le 23 avril 1872, à Lisbonne, et envoyée au P. Secchi par M. Capello.

A son bord extérieur la tache est donc tout juste aussi tranchée que peut l'être une masse de vapeurs ou un nuage. Voici maintenant comment on peut se rendre compte de sa constitution intérieure.

Nous savons que les taches qui sont irrégulières à la première époque de leur existence se transforment progressivement; leurs noyaux sont souvent multiples, déchiquetés, de forme polygonale; ils se régularisent peu à peu et finissent par devenir ronds et cratériformes. Nous avons vu quel est le mécanisme par lequel s'accomplit cette régularisation : c'est un afflux de la matière photosphérique ambiante qui se précipite dans la cavité. Si cette cavité était vide, l'afflux aurait lieu avec une vitesse immense; mais, la cavité étant remplie de vapeurs, celles-ci opposent une résistance aux progrès des courants; cette résistance cependant n'est pas indéfinie. Ces masses ont été lancées en haut par l'éruption, elles se sont refroidies par leur dilatation, et aussi parce qu'elles sont arrivées à la surface extérieure libre qui rayonne vers l'espace. Dans

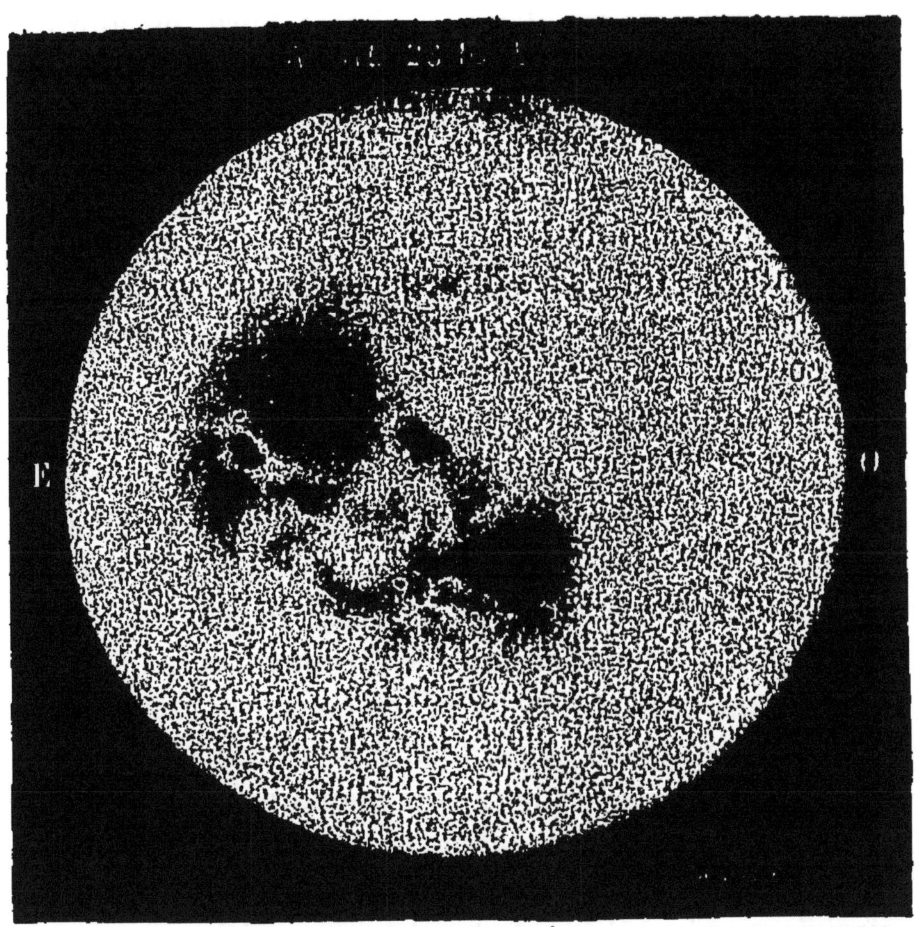


Fig. 4. — Tache solaire du 23 avril 1872.

l'intérieur de la tache, il y a donc une résistance venant de cette masse refroidie, et une autre qui vient de la force mécanique de projection du dedans au dehors, que possède la matière lancée dessus. Cela explique le rebroussement des langues et le désordre des courants dans l'intérieur de la tache; mais, lorsque l'éruption diminue d'intensité (au moins par intervalles), ces masses refroidies et plus lourdes commencent à descendre dans la photosphère, et alors celle-ci les envahit.

Dans cette considération du phénomène, chaque tache suppose une éruption de l'intérieur à l'extérieur, de matières gazeuses et métalliques. Tant que dure la période violente de l'éruption, des masses lancées se croisent dans toutes les directions, et elles sont mêlées de filets de matière photosphérique, qui constituent les courants et les ponts et donnent aux taches des formes bizarres et irrégulières; pendant cette période, les pénombres sont mal définies, et toutes les théories rendent également bien compte des phénomènes. Mais, lorsque cette première effervescence est apaisée, commence un double travail : 1° la masse projetée se refroidit par la dilatation qu'elle éprouve et par son séjour dans une région où la température est moins élevée; elle retombe alors, tend à se réunir et à s'enfoncer dans la photosphère, de manière à rétablir le niveau qui a été dérangé dans la période précédente; 2° il résulte de là un mélange de la substance gazeuse refroidie avec la matière photosphérique qui l'environne. Alors, au mouvement confus et désordonné de la première phase, succède un afflux plus ou moins régulier de la matière photosphérique qui se précipite sous forme de langues pour aller remplir le vide dû au refroidissement des vapeurs métalliques : tel est, en effet, l'aspect détaillé de la pénombre.

Encore deux mots pour l'explication des facules. La plus simple est celle qui résulte du fait que ces taches blanches sont des élévations de la photosphère. Par suite de cet exhaussement, la photosphère se soulève au-dessus de la couche absorbante, qui est assez mince, et les crêtes de ces vagues, échappant à l'extinction de la lumière, paraissent plus lumineuses. Cette élévation est souvent mesurable; mais la couche, fortement absorbante, est si mince qu'une élévation qui échappe à nos mesures, toujours difficiles près du bord, est suffisante pour produire cet effet. Cela explique pourquoi les facules forment souvent autour des taches un bourrelet bien sensible; elles peuvent résulter de la force éruptive qui, agissant au centre pour y accumuler des quantités croissantes de matière, repousse et relève sur les bords la matière photosphérique; elles peuvent provenir aussi de l'agitation qui accompagne nécessairement le mélange de deux masses de température différente. Ces soulèvements ne constituent pas une éruption proprement dite, mais c'est une phase des phénomènes dus à l'activité solaire; du reste, autour des régions qui paraissent ainsi plus lumineuses, on remarque constamment une plus grande vivacité dans l'éclat de la chromosphère.

Mais il y a une autre manière de concevoir la production d'une facule. Une simple éruption d'hydrogène doit creuser en dessous la couche métallique absorbante et mettre à la place une couche hydrogénée : celle-ci étant transparente pour la plus grande partie des rayons (car elle n'absorbe que ses quatre raies) doit laisser voir la photosphère plus brillante qu'auparavant.

Il est très-difficile de constater avec exactitude les relations locales qui existent entre les deux phénomènes, lorsqu'on les observe à une époque de grande activité, à cause de la complication que présentent les protubérances, mais il n'en est pas de même aux époques de calme. En observant alors avec beaucoup de soin et de précision, l'astronome romain a remarqué de petites éruptions hydrogéniques non métalliques sur le bord oriental ; le lendemain, au point correspondant du disque, il constatait la présence d'une facule très-vive qui, le jour suivant, présentait souvent un point noir en son centre. Il est impossible après cela de révoquer en doute la relation qui existe entre ces phénomènes.

Évidemment les facules ne sont dues qu'aux éruptions d'hydrogène, et en sont une conséquence soit directe, soit indirecte.

Les observations conduisent donc, en définitive, à l'opinion suivante sur le Soleil :

1° Les taches, les facules, les éruptions et les protubérances sont des phénomènes qui dépendent de l'activité intérieure du Soleil ; ils sont donc plus ou moins intimement liés ensemble et sont la représentation de vastes perturbations intérieures qui se manifestent par des éruptions et des agitations de la photosphère. La région sombre qui constitue le noyau d'une tache, malgré sa structure si frappante, n'est qu'un phénomène secondaire de la crise générale : elle est produite par l'absorption due aux vapeurs éruptives interposées entre la photosphère et l'observateur.

2° L'activité du Soleil ne se manifeste pas également sur toute la surface de cet astre : il y a deux maxima constants de part et d'autre de l'équateur entre 10° et 30° de latitude. Cette région est celle des taches et des éruptions métalliques proprement dites. Les régions des taches et des protubérances ont des mouvements de transport à longue période vers les pôles. Il paraît que toute la masse solaire est engagée dans cette circulation gigantesque, de sorte que la moitié de son volume, comprise entre + 30° et — 30° de latitude, formerait un énorme courant ascendant, et l'autre moitié qui comprend les pôles, le contre-courant descendant.

3° Au delà de cette zone principale, on en trouve une seconde où les taches et les éruptions se produisent d'une manière intermittente; ses limites varient avec l'activité solaire : elle s'étend quelquefois jusqu'aux pôles et présente alors un maximum à 60° ou 70° de latitude. C'est à cette même région que l'atmosphère solaire éprouve une variation brusque dans sa hauteur, ainsi que nous le savons par l'observation des éclipses totales. Quelquefois cette zone descend plus bas, et le maximum semble s'arrêter vers 45° de latitude. Ces variations n'ont pas encore été étudiées d'une manière assez suivie pour qu'on puisse en reconnaître les lois. Seulement il est constant que dans cette zone ne se trouvent jamais ces éruptions métalliques si remarquables qui sont fréquentes dans les régions équatoriales.

« L'éclat particulier des facules peut être dû à une double cause : une élévation locale du niveau de la photosphère, qui dépasse la couche absorbante, mais on peut aussi l'expliquer par le refoulement de cette couche que produiraient les jets hydrogénés au point de leur sortie, où ils sont plus condensés ([1]). »

Telle est la théorie que l'observateur romain a conclue de ces longues observations. Un astronome français, qui s'est beaucoup occupé de la théorie du Soleil, M. Faye, pense, au contraire, que les taches solaires sont produites par des tourbillons descendant des hauteurs de la chromosphère, comme des cylindres de gaz trouant l'atmosphère et arrivant jusqu'à la surface. Les taches seraient ainsi des sortes de *cyclones circulaires et tournants*. Les savantes recherches de M. Faye sont dignes de toute notre admiration, mais ne sont-elles pas plus théoriques que pratiques ? L'éminent académicien observe-t-il lui-même le Soleil ? Pour moi, je l'avoue, j'examine toujours avec intérêt, et je dessine souvent avec plaisir, depuis l'année 1867, les taches solaires, et, malgré toute la bonne volonté que j'y ai mise, je n'ai encore pu arriver personnellement à une opinion définitive sur la nature de ces taches. La première impression qui m'a frappé dès mes premières observations est toujours restée aussi vive, et je ne l'ai pas encore trouvée en défaut : elles *ressemblent* à des scories flottant sur une surface de métal en fusion, ne présentent qu'en des cas assez rares la forme circulaire d'un tourbillon, sont ordinairement groupées et soudées, d'une façon irrégulière, se déchirent, se segmentent ([2]), diminuent, dispa-

([1]) SECCHI, *le Soleil*, IIe Partie, p. 223.

([2]) *Voir* notamment la segmentation d'une tache solaire que j'ai observée en 1868, t. III, p. 120, de ces *Études*.

raissent *comme si* ces pellicules étaient peu à peu déformées par le mouvement de l'océan solaire et rongées par la chaleur. Il me paraît même difficile que l'idée de cyclone ait pu sortir de l'observation directe de ces objets.

Loin de moi la prétention de comparer cette simple impression aux savantes théories des Faye, des Secchi, des Tacchini, d'autant moins que j'avoue que ce n'est là qu'une *impression*. J'ai au contraire voulu présenter intégralement à mes lecteurs la théorie tout entière du laborieux observateur romain.

Mais avouons que le problème solaire est loin d'être résolu.

L'électricité ne joue-t-elle pas un certain rôle dans ces curieux phénomènes?

La forme des taches solaires a été reproduite d'une manière fort ingénieuse par M. Gaston Planté dans ses expériences électriques.

Une feuille de papier à filtrer, humectée d'eau salée, est mise en communication avec le pôle négatif d'une batterie secondaire de 400 éléments. A peine le fil positif touche-t-il la surface humide, qu'il se produit, au-dessous de ce fil, avec dégagement de lumière et projection de vapeur, une cavité en forme de *cratère* hérissé, sur ses bords, d'innombrables filaments desséchés et enchevêtrés les uns dans les autres (*fig.* 5). Le fil positif se trouve en même temps recouvert d'un magma formé par la pâte de papier transportée; des débris filiformes adhèrent aussi à l'électrode sur une longueur de 10 à 15 centimètres. Les extrémités des filaments sont dirigées vers l'électrode positive, de sorte que, si l'on place cette électrode au-dessous du papier, on n'observe point de cratère saillant à la surface supérieure, mais une simple excavation dont les rebords

Fig. 5. — Effet produit par un courant électrique.

filamenteux sont comme *aspirés* et *rentrés* en dedans vers le point d'où sort l'électricité positive (*fig.* 6). Quelques filaments, par suite de leur grande longueur

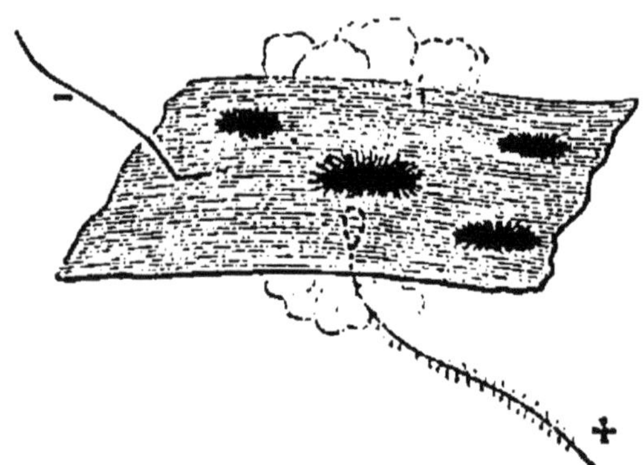


Fig. 6. — Deuxième effet.

et de leur dessiccation instantanée, se recourbent en crochet à leur extrémité. La *fig.* 7 représente les détails de ces perforations électriques, en grandeur naturelle.

Il est impossible de ne pas être frappé de l'analogie de cette structure avec celle des taches solaires, assimilées à des brins ou à des fagots de chaume, à des filaments recourbés, tordus ou entrelacés, etc.

Ces apparences bizarres des taches solaires, si difficiles à expliquer par des actions mécaniques ordi-

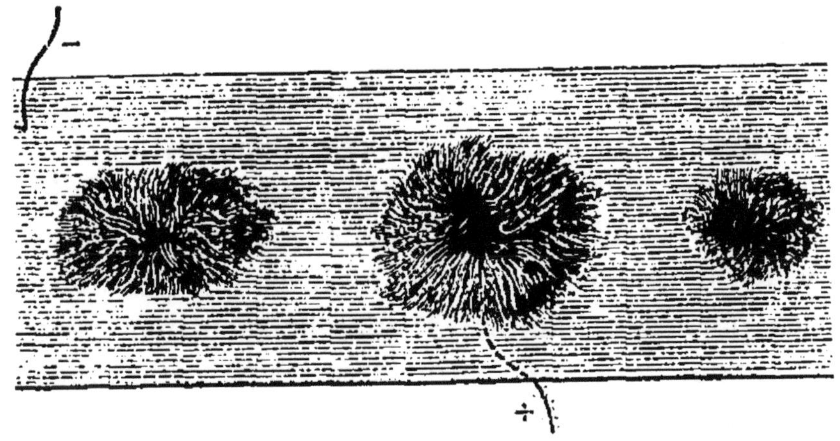


Fig. 7. — Image électrique des taches solaires.

naires, se comprendraient par l'intervention de l'électricité, dont le caractère est de cliver, de façonner en pointes ou de diviser en fils toute matière opposée à son passage, pour se frayer les voies multiples qui semblent nécessaires à son rapide écoulement.

L'ingénieux électricien ajoute que les taches solaires peuvent être des cavités produites par des éruptions essentiellement électriques; que, par suite, la masse interne du Soleil doit être fortement chargée d'électricité; et que, d'après le sens des excavations dont les talus filamenteux sont *rentrés* vers l'intérieur de l'astre, l'électricité qui s'en échappe doit être *positive*.

Il a été conduit ainsi à étudier les phénomènes présentés par les globules incandescents qu'on obtient en fondant de gros fils métalliques à l'aide d'un puissant courant électrique de *quantité*. Voici les effets qu'il a observés sur des globules de fer et d'acier de 7$^{mm}$ à 8$^{mm}$ de diamètre.

1° Leur surface liquide incandescente paraît agitée, *ondulée*, et parsemée de *taches* de toutes dimensions, produites par des bulles gazeuses qui viennent de l'intérieur du globule, où elles causent aussi une vive effervescence ; 2° ces bulles se développent si rapidement, qu'il est difficile de saisir leurs diverses phases ; on y distingue néanmoins des ombres, des pénombres et des parties brillantes ; 3° elles finissent par percer l'enveloppe liquide, en projetant des parcelles incandescentes ; 4° les globules refroidis présentent une surface *ridée* et mamelonnée ; 5° on reconnaît qu'ils sont *creux*, et que leur enveloppe est d'autant plus mince, que le métal renfermait plus de gaz en combinaison.

Il en conclut : 1° que le Soleil peut être considéré comme un globe *creux* électrisé, plein de gaz et de vapeurs, recouvert d'une enveloppe *liquide* de matière fondue et incandescente ; 2° que les rides ou *lucules* de sa surface donnent naissance à des ondulations de cette enveloppe liquéfiée ; 3° que les *taches* sont produites par les masses de gaz et de vapeurs électrisées, venant de l'intérieur de l'astre, perçant l'enveloppe fluide et donnant aux rebords des cavités, ainsi qu'il a été dit plus haut, les formes qui caractérisent le passage de l'électricité positive; 4° que les *facules* semblent être une phase brillante dans l'évolution des masses gazeuses, lorsqu'elles se rapprochent de la surface avant leur éruption; 5° que les *protubérances* sont formées par les gaz eux-mêmes, sortant de l'intérieur de l'astre à une température plus élevée et, par suite, plus lumineux que ceux qui forment l'atmosphère de sa surface.

On peut objecter à ces conclusions que les globules métalliques dont il s'agit sont produits entre les deux pôles d'un appareil et traversés par un courant électrique, tandis que le Soleil est isolé dans l'espace; mais on peut concevoir la production de sphéroïdes électrisés, entièrement détachés de la source d'où ils émanent. De plus, si, dans l'expérience actuelle, on laisse fondre le fil auquel le globule adhère, le courant s'interrompt; le globule reste suspendu à l'un des pôles, et pendant le court instant qu'il se maintient incandescent, on voit encore des taches se produire, et des bulles se dégager à sa surface. Si ce phénomène dure un temps appréciable avec une aussi petite masse de matière, on comprend qu'elle durée il peut avoir quand il s'agit du globe immense du Soleil. Le mouvement vibratoire électrique communiqué persiste, à l'instar du mouvement mécanique, avec les effets physiques et chimiques qui lui sont propres. Ainsi, le Soleil ne crée point l'électricité qu'il possède, non plus que la chaleur et la lumière qui en sont la transformation : c'est une provision qu'il a reçue de l'anneau nébuleux dont il n'est qu'une particule brillante, destinée à s'éteindre un jour; cet anneau nébuleux dérive d'une autre onde électrisée, et ainsi de suite, jusqu'à la cause première, créatrice de toute force et de tout mouvement. En se plaçant à ce point de vue, l'incandescence du globe solaire, prolongée pendant une longue série de siècles, n'est elle-même qu'une étincelle de courte durée dans l'infini du temps et de l'espace.

Comme nous le disions tout à l'heure, la constitution physique du Soleil est un problème ouvert. Essayons de l'élucider un peu plus.

OBSERVATOIRE DE MEUDON.

Surface solaire, 10 octobre 1877, 9h 36m (diamètre du disque, 0m, 92).

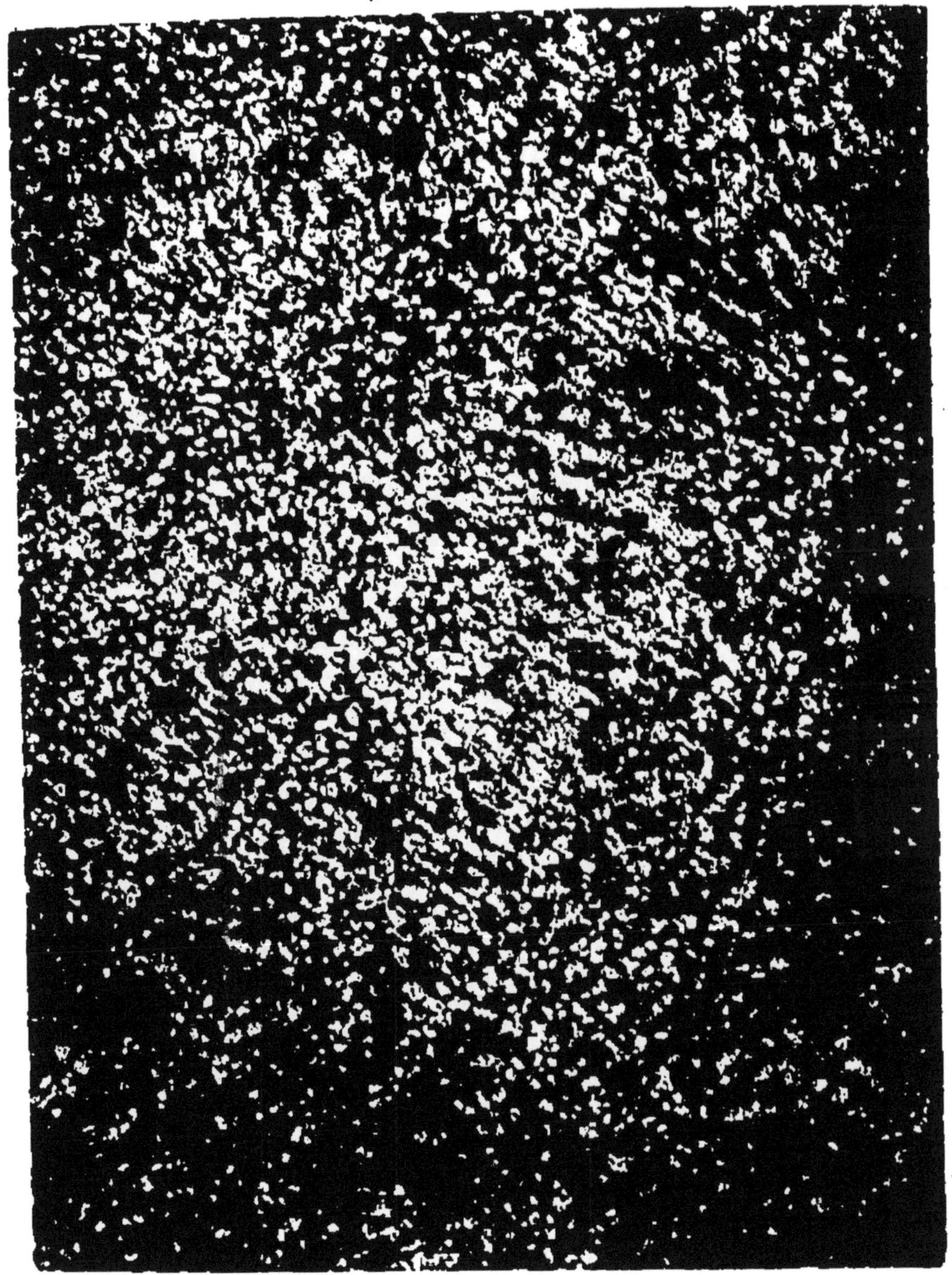

ÉPREUVE PHOTOGLYPTIQUE

obtenue sans aucune intervention de la main humaine.

R. F.

# IV.

## ÉTUDE DE LA SURFACE SOLAIRE. CONSTITUTION PHYSIQUE DU SOLEIL.

On sait que la surface solaire, loin d'être parfaitement unie, présente une apparence irrégulière et gra-

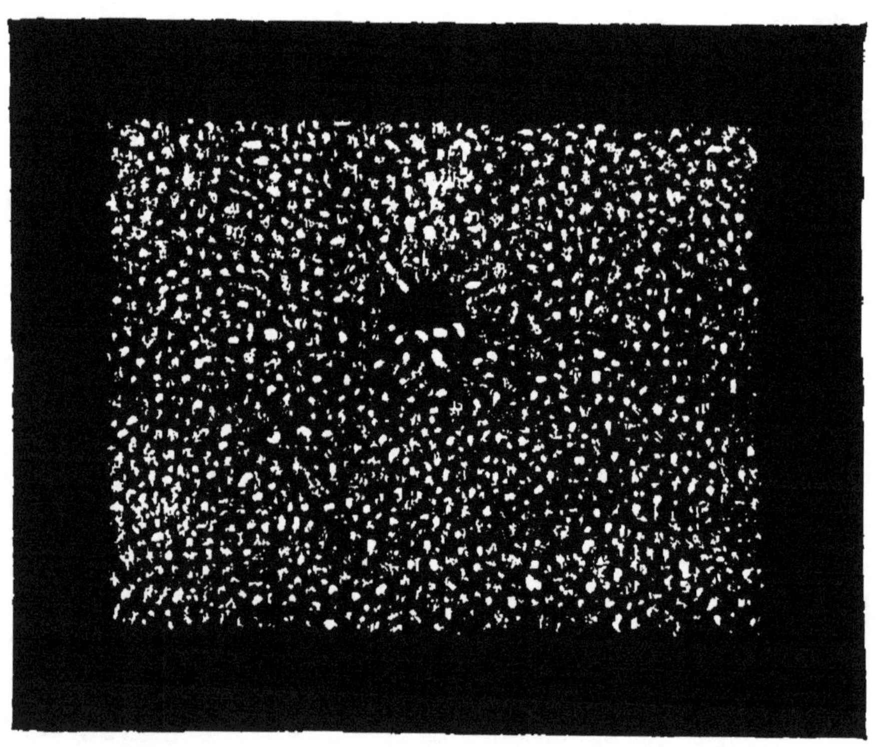

Fig. 8. — Aspect de la surface solaire.

nulée. Déjà, dans son Ouvrage sur le Soleil, le P. Secchi avait appelé l'attention sur ce fait. On reconnaît cet aspect lorsqu'on observe le Soleil avec un oculaire puissant, dans les instants assez rares où l'atmosphère est parfaitement calme, et avant que l'objectif commence à s'échauffer. Alors on voit que la surface est recouverte d'une multitude de petits grains, ayant presque tous les mêmes dimensions, mais des formes très-différentes, parmi lesquelles l'ovale semble dominer. Les interstices très-déliés qui séparent ces grains forment un réseau sombre sans être complétement noir. Nous reproduisons (*fig.* 8) un dessin du P. Secchi, dans lequel l'observateur romain avait essayé de faire une esquisse qui représentât l'aspect caractéristique de la surface, car les détails sont impossibles à reproduire : « Il nous semble difficile, disait-il, de trouver un objet connu qui rappelle cette structure; on obtient quelque chose d'analogue en regardant au microscope du lait un peu desséché, dont les globules ont perdu la régularité de leur forme ». Ce dessin représente les grains, ainsi que les interstices qui les séparent, tels qu'on les voit avec un fort grossissement, dans des circonstances atmosphériques exceptionnellement avantageuses. Le plus souvent, en faisant usage de faibles grossissements, on aperçoit une multitude de petits points blancs sur un réseau noir. Cette structure est très-apparente dans les premiers moments de l'observation, mais elle ne tarde pas à devenir moins distincte, parce que l'œil se fatigue, en même temps que l'objectif s'échauffe, ainsi que l'air qui est contenu dans le tube.

Quelquefois l'aspect est un peu différent, et aux points blancs et brillants se trouvent mêlés de petits trous noirs. La comparaison des différents dessins fait apprécier les différences d'aspect que présente la photosphère, suivant les époques où l'on observe et peut-être suivant les observateurs et les moyens qu'ils emploient. Les grains paraissent comme suspendus dans un réseau noir, et entremêlés de nœuds plus ou moins sombres, plus ou moins larges. Ces grains se réunissent quelquefois en petits groupes et forment alors une masse plus brillante.

Hâtons-nous de dire que cette structure de grains ou de feuilles ne peut être observée qu'avec des instruments à large ouverture, car, les grains ayant de très-faibles dimensions, la diffraction, en les amplifiant et les faisant empiéter les uns sur les autres, produit nécessairement une confusion générale. Les dimensions réelles de ces grains ne sont pas faciles à déterminer, à cause de la difficulté de les fixer individuellement sous le fil du micromètre. On ne peut y réussir qu'en comparant leurs diamètres à ceux des fils micrométriques, et on les évalue à $\frac{1}{4}$ ou $\frac{1}{3}$ de seconde.

Ces grains, que nous pouvons à peine mesurer à cause de leur petitesse, ont un diamètre de 200 à 300 kilomètres au moins.

Or, des masses d'une telle étendue ne peuvent avoir une lumière uniforme : elles doivent être irrégulières et mamelonnées. Si donc on les observe avec des instruments plus puissants, on devra reconnaître qu'elles sont composées de points distincts qui se confondent lorsqu'on emploie un grossissement insuffisant, mais qu'un grossissement plus considérable parvient à séparer les uns des autres.

La surface du Soleil est quelquefois tellement recouverte de ces granulations, le réseau est tellement prononcé, qu'on serait tenté de voir partout des pores et des rudiments de taches. Mais cet aspect n'est pas constant, et il faut en chercher la cause non-seulement dans les variations de notre atmosphère, qui rendent quelquefois des observations difficiles, mais aussi dans les modifications qu'éprouve le Soleil.

De cette exposition, il faut conclure que la photosphère ne se compose pas d'un fond brillant recouvert de points noirs, mais d'une multitude de points lumineux disséminés sur une espèce de réseau plus sombre ; les nœuds de ce réseau s'élargissent quelquefois au point de former des pores ; les pores, en s'élargissant davantage, finissent par donner naissance à une tache. Tel est l'ordre dans lequel se succèdent ordinairement ces phénomènes ([1]).

A l'Observatoire de Meudon, M. Janssen est parvenu à photographier tous ces détails sur des clichés qui ne mesurent pas moins de 30 centimètres de diamètre en un instant de pose qui varie entre $\frac{1}{2000}$ et $\frac{1}{3000}$ de seconde. Ces photographies montrent la surface solaire couverte de la fine granulation générale dont nous venons de parler. La forme, les dimensions, les dispositions de ces éléments granulaires sont très-variées. Les grandeurs varient de quelques dixièmes de seconde à 3″ et 4″. Les formes rappellent celles du cercle et de l'ellipse plus ou moins allongée, mais souvent ces formes régulières sont altérées.

Cette granulation se montre partout, et il ne paraît

([1]) SECCHI, *Le Soleil*, t. I, p. 59.

pas tout d'abord qu'elle présente une constitution différente vers les pôles de l'astre. Il y aura cependant à revenir sur ce point.

Le pouvoir éclairant des éléments granulaires considérés séparément est très-variable ; ils paraissent situés à des profondeurs différentes dans la couche photosphérique. Les éléments granulaires les plus lumineux, ceux dans lesquels réside surtout le pouvoir lumineux de la photosphère, n'occupent qu'une petite fraction de la surface de l'astre.

« Mais le résultat le plus remarquable, et qui, dit M. Janssen, est dû exclusivement à l'intervention de la Photographie, c'est la découverte du *réseau photosphérique*. L'examen attentif de ces photographies montre que la photosphère n'est pas une constitution uniforme dans toutes ses parties; mais qu'elle se divise en une série de figures plus ou moins distantes les unes des autres, et présentant une constitution particulière.

» Ces figures ont des contours généralement arrondis, souvent assez rectilignes et rappelant des polygones. Leur dimensions sont très-variables. Elles atteignent quelquefois une minute et plus de diamètre.

» Tandis que, dans les intervalles des figures dont nous parlons, les grains sont nets, bien terminés, quoique de grosseur très-variable, dans l'intérieur, les grains sont comme à moitié effacés, étirés, tourmentés; le plus ordinairement même, ils ont disparu pour faire place à des traînées de matière qui remplacent la granulation. Tout indique que, dans ces espaces, la matière photosphérique est soumise à des mouvements violents qui ont confondu les éléments granulaires.

» Le réseau photosphérique ne pouvait être découvert par les moyens optiques qui s'adressent à la vision du Soleil. En effet, pour le constater sur les épreuves, il faut employer des loupes qui permettent d'embrasser une certaine étendue de l'image photographique. Alors, si le grossissement est bien approprié, si l'épreuve est bien pure, et surtout si elle a reçu rigoureusement la pose convenable, on voit que la granulation n'a pas partout la même netteté que les parties à grains bien formées dessinent comme des courants qui circulent de manière à circonscrire des espaces où les phénomènes présentent l'aspect que nous avons décrit. Or, pour constater ce fait, il faut, comme nous disons, embrasser une notable portion du disque solaire, et c'est ce qu'il est impossible de réaliser quand on regarde l'astre dans un instrument très-puissant, dont le champ est, par le fait même de sa puissance, très-restreint. Dans ces conditions, on peut bien constater qu'il existe des portions où la granulation cesse d'être nette ou même visible; mais il n'est pas possible de soupçonner que ce fait se rattache à un système général.

» Déjà l'examen des photographies embrassant un petit nombre de mois montre des différences dans la constitution du réseau photosphérique, différences qui vont nous instruire sur les variations dans les formes de l'activité solaire.

» Je signale encore ce fait très-important, mis en évidence d'une manière très-certaine par les photographies, celui de points nombreux très-obscurs se montrant dans les régions à granulation régulière, et qui indiquent que la couche photosphérique doit avoir une épaisseur extrêmement faible.

» Aussi, la photographie solaire est placée dès maintenant dans les conditions où elle peut nous révéler les faits les plus importants sur la constitution du Soleil. C'est une méthode nouvelle qui s'ouvre devant nous, et dont nous pouvons associer les efforts à ceux de l'analyse spectrale et de l'ancienne optique, pour résoudre enfin définitivement les grands problèmes que soulève l'astre du jour. »

La planche photographique ci-jointe (*fig.* 9) est une photographie d'une portion de la surface solaire, faite à l'Observatoire de Meudon.

Cette photographie résulte d'un grandissement au triple d'une portion d'une épreuve originale de $305^{mm}$ de diamètre. Le cliché de ce grandissement a servi à faire un contre-type, qui a ensuite été reproduit par la photoglyptie.

Ce qui est ici d'un haut intérêt, c'est que la main humaine n'est intervenue en rien pour la production de cette image, qui est entièrement due à l'action de la lumière.

« Le jour que j'étais à Meudon, écrit à ce propos M. de la Rue au journal anglais *the Astronomical Register*, M. Jansson, qui m'attendait, avait préparé son appareil pour prendre quelques photographies en ma présence, mais des nuages l'empêchèrent de le faire. Toutefois, deux photographies venaient d'être prises tout juste avant mon arrivée, et, en regardant l'une d'elles, je fus fortement impressionné de ce que vous me permettrez d'appeler, en langage simple et familier, une malpropreté. Mais je ne voulus pas dire : « Pourquoi votre plaque a-t-elle été mal nettoyée? » Je dis simplement : « Voulez-vous me permettre de voir la deuxième photographie? » Je la regardai, et précisément ces parties du disque qui paraissaient être souillées sur une plaque étaient souillées sur l'autre; dans la réalité, la photographie avait rendu évidents des mouvements tourbillonnants dont nous ne saurions nous former une idée quelconque en les comparant aux orages et aux cyclones de la terre. La photosphère avait été bouleversée violemment en tourbillons sur différents points du Soleil et sur une grande partie de la surface. On voyait tout de suite que ce devait être là l'origine des protubérances lumineuses qui nous sont maintenant familières. M. Janssen et moi, en parlant de cela, ne pûmes nous empêcher de dire simultanément, ce que j'avais souvent dit auparavant, que le retour périodique des taches solaires ne peut être considéré, en aucune manière, comme le plus important des phénomènes du Soleil. Il y a des changements qui se produisent d'un jour à l'autre, d'une heure à l'autre, dans quelques cas, je pourrais dire presque d'une minute à l'autre, et qui transforment complètement l'aspect des diverses parties du Soleil, montrant une si grande activité, qu'il est extrêmement nécessaire de l'étudier pour pouvoir se rendre compte des phénomènes solaires. Je reviens donc à mon ancienne thèse, à l'importance d'observer le Soleil dans ce qui a été tant décrié, dans un observatoire physique, consacré spécialement à cette fin et muni d'instruments, non-seulement pour prendre des images qui nous donneront la position des taches du Soleil, mais des images sur une telle échelle, que nous puissions les étudier minutieusement et surveiller les changements qui se produisent continuellement à la surface du Soleil. »

La chromosphère, qui enveloppe tout le globe du Soleil, est la cause vraisemblable des granulations visibles à sa surface. L'épaisseur de cette couche hydrogénée n'est point constante, et elle varie de jour en jour au dedans de certaines limites ; mais à aucune époque elle n'est apparue aussi mince que pendant l'année 1875, tout spécialement entre le 10 juin et le 18 août.

Cette circonstance était plus intéressante à constater avec une lunette ordinaire, sans le secours du spectroscope, et elle permettait de mieux discerner la structure de la photosphère sous-jacente. Les gaz de la chromosphère ont, en effet, une certaine transparence, qui augmente notablement à mesure que leur épaisseur diminue.

Durant cette période d'affaissement général, les granulations ont paru plus petites et plus distantes qu'à l'ordinaire, et par conséquent le fond gris clair, sur lequel elles semblent projetées, était plus distinct et occupait plus de place que précédemment. L'observation de ce fond gris clair, avec des instruments de grande ouverture, le montre tout autrement qu'uniforme dans les intervalles des granulations. A côté des très-petits points noirs appelés *pores*, des flocons d'un gris plus foncé sont répandus irrégulièrement sur toute la surface du Soleil. Ces flocons foncés ont été très-apparents pendant la phase récente d'abaissement de la chromosphère : on pouvait les discerner, en faire le croquis et les reconnaître après plusieurs heures d'intervalle. On a pu même comparer leur nombre aux différentes latitudes héliographiques, et constater qu'ils deviennent plus grands et plus compliqués lorsqu'on approche de l'équateur. Leur caractère le plus marqué est d'avoir des contours très-vagues, peu accusés, ternes et diffus, comme s'ils étaient vus à travers un brouillard. Le milieu au travers duquel ils sont vus n'est autre que la chromosphère, dont les gaz interposés forment comme un voile au-dessus d'eux. Aussi M. Trouvelot, de Cambridge, États-Unis, qui a fait ces observations, propose-t-il de les appeler des *taches solaires voilées*.

Il a vu les granulations de la chromosphère projetées sur les taches voilées comme partout ailleurs; mais elles n'y paraissent pas aussi régulièrement distribuées, quelques-unes étant serrées ensemble, tandis que d'autres sont clair-semées. De petites facules sont souvent ainsi formées par l'agrégation de plusieurs granules en une seule masse. Un jour ces granulations parurent comme sous l'influence d'une force motrice qui les rangeait en files régulières; d'autres fois suivant des figures capricieuses très-remarquables.

Souvent les granulations projetées au-dessus des taches voilées ont une mobilité extraordinaire, qu'on ne trouve nulle part dans les phénomènes solaires, excepté peut-être dans le voisinage immédiat de taches ordinaires en pleine activité de formation, démontrant évidemment l'existence de forces immenses en conflit au-dessous de la chromosphère.

A plusieurs reprises, dans les régions équatoriales du Soleil, il a pu s'assurer que les taches noires devenues visibles se voilent ensuite par l'interposition de matières chromosphériques, en sorte que les taches ordinaires et les taches voilées sont de même essence. Mais les taches voilées se retrouvent à des latitudes beaucoup plus élevées que les autres, parfois accompagnées de facules. Il en a observé jusqu'à 6 ou 8 degrés des pôles. Elles ne diffèrent alors des taches ordinaires que par leur grandeur et leur activité. Si quelques taches noires se montrent momentanément dans ces parages, elles ne durent pas, comme si les forces nécessaires pour balayer au-dessus les gaz chromosphériques n'étaient pas suffisantes.

L'impression résultant pour l'auteur de ces phénomènes est que les taches voilées sont des fissures ou de réelles ouvertures dans la photosphère, vues à travers les gaz imparfaitement transparents de la chromosphère, et remplies de vapeurs expulsées par les forces intérieures de la fournaise solaire. Dans les régions équatoriales seulement, ces forces sont assez grandes pour percer et écarter les matières de la couche supérieure interposée. L'observation directe lui indique que la chromosphère est empêchée, par une force émanant de l'intérieur, de se précipiter dans l'ouverture produite par la tache. Aussitôt que cette force perd de son énergie, la chromosphère tend à couvrir la tache, et elle y fait irruption aussitôt que la force cesse. Il a vu fréquemment l'ombre et la pénombre paraître comme couvertes par une violente chute de neige, dont les flocons sont probablement les granulations de la chromosphère plus ou moins dispersées par les forces émanant des taches.

Les conclusions de M. Trouvelot sont, on le voit, en grande partie nouvelles, et elles contrarient diversement les systèmes imaginés pour expliquer les apparences solaires. Ce n'est point ici le lieu ni le moment de les discuter, d'autant plus qu'il annonce de nouvelles communications pour les appuyer. Son Mémoire prouve combien l'étude persistante de la surface du Soleil peut offrir encore de sujets d'investigation, et l'utilité qu'il y a à l'entreprendre avec le secours des puissants instruments de la Science moderne.

On sait que la surface du Soleil ne tourne pas tout d'une pièce, comme celle de la Terre, mais avec une vitesse croissante de l'équateur aux pôles. Il ressort avec évidence du calcul de toutes les observations que les vitesses varient d'une tache à l'autre, comme l'avait trouvé Laugier, de manière à conduire, pour la rotation du Soleil, à toutes les valeurs comprises entre 25 et 28 jours. Il est bien vrai, comme l'a montré Carrington, que ces vitesses dépendent exclusivement de la latitude de chaque tache, en sorte que la variation de vitesse d'une tache à l'autre est proportionnelle à une certaine fonction de latitude. On a montré de plus, par une discussion complète, que cette fonction n'est autre chose que le carré du sinus de la latitude, absolument comme celle qui exprime la variation de la pesanteur terrestre, lorsqu'on marche de l'équateur vers les pôles. En outre, cette liaison des taches avec la latitude est si intime, que si une tache vient à s'écarter un peu de sa position moyenne, par une oscillation perpendiculaire à l'équateur, elle prend à chaque instant la vitesse correspondant à la zone où elle se trouve. Rien de plus frappant que le tableau suivant, où l'on a consigné, zone par zone, la durée de la rotation solaire déduite des mouvements des taches correspondantes :

*Durée de la rotation solaire sur les divers parallèles de degré en degré.*

| Latitude. | Rotation. | Latitude. | Rotation. |
|---|---|---|---|
| ° | j | ° | j |
| 0 | 25,187 | 23 | 25,913 |
| 1 | 25,188 | 24 | 25,975 |
| 2 | 25,193 | 25 | 26,040 |
| 3 | 25,200 | 26 | 26,107 |
| 4 | 25,210 | 27 | 26,176 |
| 5 | 25,222 | 28 | 26,248 |
| 6 | 25,238 | 29 | 26,322 |
| 7 | 25,256 | 30 | 26,398 |
| 8 | 25,277 | 31 | 26,475 |
| 9 | 25,300 | 32 | 26,555 |
| 10 | 25,327 | 33 | 26,636 |
| 11 | 25,356 | 34 | 26,717 |
| 12 | 25,388 | 35 | 26,804 |
| 13 | 25,423 | 36 | 26,891 |
| 14 | 25,460 | 37 | 26,979 |
| 15 | 25,500 | 38 | 26,068 |
| 16 | 25,543 | 39 | 27,159 |
| 17 | 25,588 | 40 | 27,252 |
| 18 | 25,636 | 41 | 27,346 |
| 19 | 25,686 | 42 | 27,440 |
| 20 | 25,739 | 43 | 27,536 |
| 21 | 25,794 | 44 | 27,633 |
| 22 | 25,852 | 45 | 27,730 |

Cette progression doit se continuer jusqu'aux pôles :

Lorsque M. Tisserand était directeur de l'Observatoire de Toulouse, il avait organisé l'observation régulière des positions des taches solaires d'après la méthode de Carrington. Les observations faites en 1874 et 1875 sur 325 taches différentes confirment la formule

$$\xi = 857',6 - 157',3 \sin^2\lambda,$$

pour le mouvement diurne des taches, $\xi$ représentant cette rotation diurne et $\lambda$ la latitude.

D'après tout ce qui précède, nous pouvons résumer sommairement ici nos connaissances actuelles à l'égard du Soleil.

Cet astre est un globe dont la densité moyenne est un peu supérieure à celle de l'eau, mais dont les couches extrêmes sont évidemment gazeuses. La surface de ce globe offre, sur un fond relativement obscur, d'innombrables amas de particules incandescentes, solides ou liquides, formant des nuages isolés, très-petits, d'un éclat excessif, à peu près de la même structure et de la même grandeur, mais variant pourtant considérablement d'arrangement et d'aspect. Voilà pour la photosphère. Ce globe parfaitement sphérique tourne autour d'un axe invariable, d'un mouvement de rotation bien différent du nôtre et de celui des planètes de notre système. A sa surface apparaissent de temps en temps des taches noires.

L'énergie et la constance de la radiation du Soleil sont liées à ces granulations de la photosphère. Ces nuages incandescents ne peuvent pas toujours durer, toujours émettre avec la même intensité de la lumière et de la chaleur : il faut qu'ils se renouvellent sans cesse; mais leur formation et leur reproduction sont encore énigmatiques. Leur fonction doit être d'apporter régulièrement à la surface la chaleur de la masse interne, sans quoi la photosphère, à force de rayonner dans l'espace, finirait bien vite par s'éteindre. De plus, les mouvements occasionnés par le renouvellement perpétuel de la photosphère doivent modifier la rotation naturelle de l'astre et lui imprimer le caractère tout spécial que nous venons de lui reconnaître.

M. Faye a proposé d'expliquer comme il suit la formation d'une photosphère autour du globe formé de matériaux maintenus par une température excessive à l'état gazeux en totalité ou en partie. Il faut évidemment que le mode de formation soit de nature à se reproduire de lui-même avec régularité, et que la singulière rotation que nous venons de décrire en résulte tout naturellement.

Pour fixer les idées, nous supposerons qu'il y ait dans ce globe, parmi les gaz stables, une certaine proportion d'oxygène et des vapeurs de calcium ou de magnésium. Si la température était partout supérieure à celle de la dissociation de la magnésie pour toute pression donnée à l'intérieur, cet amas de vapeurs et de gaz, doué d'un pouvoir rayonnant bien inférieur à celui de particules incandescentes, se disposerait peu à peu en couches concentriques dont la densité irait en décroissant vers sa surface. Cette masse, douée d'un pouvoir rayonnant assez faible, serait bien loin d'avoir l'aspect d'un soleil, et si la loi physique dont nous allons parler n'intervenait pas, sa masse interne ne participerait guère au refroidissement superficiel qu'en vertu des petits mouvements de convection destinés à rétablir l'équilibre des couches, quand celui-ci viendrait à s'altérer notablement. Mais les phénomènes de la condensation ou de l'union chimique des vapeurs vont modifier radicalement cet état de choses dès que la température des couches extrêmes, où les vapeurs les plus lourdes sont parvenues par lente diffusion, se sera abaissée au point où les vapeurs métalliques pourront se combiner avec l'oxygène ambiant.

A ce moment, on verra apparaître subitement à la surface de l'astre des nuages de poussières incandescentes, d'un éclat incomparablement supérieur à la radiation précédente : la photosphère se sera formée spontanément par suite de l'abaissement superficiel de la température.

Mais ces particules solides, beaucoup plus lourdes que la couche gazeuse, commenceront à tomber vers le centre de l'astre. Elles en traverseront les couches successives en regagnant peu à peu dans ce trajet la grande quantité de chaleur qu'elles avaient rayonnée tout à l'heure quand elles étaient suspendues dans la photosphère. Elles atteindront enfin, dans l'intérieur du globe solaire, une couche quelconque dont la chaleur achèvera de détruire la combinaison formée malgré la pression ambiante, mettra l'oxygène en liberté et dégagera le magnésium en vapeurs. Or ce développement gazeux ne pourra s'effectuer sans troubler l'équilibre de la couche profonde : une quantité correspondante des vapeurs dont elle est formée devra donc s'élever dans les couches placées au-dessus, et finalement atteindre la surface. Là ces vapeurs ascendantes reproduiront le phénomène; elles se combineront de nouveau sous l'influence de la température basse de la surface, et produiront une nouvelle bouffée de molécules lumineuses.

N'avons-nous pas touché là le mécanisme de la reproduction incessante de la photosphère? De tous les points de la surface brillante pleuvent, vers le centre, des molécules solides qui ont rayonné quelque temps à la surface sous forme de nuages incandescents; dans les couches centrales où cette pluie aboutit, elle se transforme de nouveau en vapeur, en forçant d'innombrables courants gazeux à remonter verticalement, à travers les couches successives, vers la photosphère, s'y condensant et remplaçant les amas épuisés et tombés par de nouveaux amas resplendissants de lumière.

Les courants ascendants, en portant jusqu'à la surface des matériaux animés de vitesses linéaires plus faibles, ralentiront la rotation superficielle, tandis que les courants descendants, formés de particules très-denses, accéléreront, par leur excès de vitesse linéaire, la rotation des couches intérieures. Ces deux sortes de courants opposés qui parcourent la masse solaire dans le sens de tous les rayons ont entre eux une différence capitale. Les ascendants sont formés de matières gazeuses ou de vapeurs qui vont en se dilatant de plus en plus; dans leur passage d'une couche à l'autre, l'impulsion du milieu répare facilement leur défaut de vitesse horizontale. C'est donc de proche en proche et de couche en couche que s'opère le ralentissement de la couche superficielle. Pour les courants descendants, au contraire, formés sans doute de gouttes des matériaux incandescents qui ont brillé à la surface sous forme de nuages, l'excès de vitesse linéaire se conserve bien plus longtemps, à cause de la faible résistance du milieu gazeux, et ne se perd tout à fait que dans la dernière couche profonde, celle où chaque goutte se décompose et se réduit en vapeurs. Dans cette région-là, l'accélération de la rotation sera donc plus marquée que le ralentissement partagé entre les couches supérieures. Il suffirait que cette dernière couche cessât d'être rigoureusement sphérique, qu'elle prît la figure elliptique aplatie vers les pôles, pour expliquer la singulière rotation de la photosphère, et jusqu'à la formule qui la représente si bien.

Cette apparente complication de courants opposés, fonctionnant sans cesse suivant les rayons d'une sphère gazeuse, les uns composés de vapeurs ascendantes, les autres consistant en filets descendants de gouttes liquides ou solides, n'est pas sans analogie dans la nature. Elle se réalise chaque jour sur notre globe où elle constitue le mécanisme de la circulation aérienne des eaux, entretient notre enveloppe de nuages et fournit la pluie qui retombe sur le sol. Seulement, ici, la cause est externe; il faudrait remonter aux temps les plus reculés, à l'époque où la croûte terrestre était encore chaude, pour établir une assimilation plus complète. La vapeur d'eau monte, en effet, dans l'atmosphère, se condense en nuages en arrivant dans une couche supérieure, puis de là retombe sous forme de gouttelettes; celles-ci traversent de nouveau, mais en sens inverse, les couches de notre atmosphère, et atteignent le sol où elles se vaporisent de nouveau. La même chose se passe sur le Soleil, soit par le phénomène chimique de la dissociation, à cause de l'énorme chaleur que possèdent les couches profondes, soit par la volatilisation ordinaire de simples matières métalliques dans les couches intérieures plus chaudes et de leur condensation dans les couches extérieures plus froides de la photosphère.

De la comparaison de la quantité de lumière émise par les différents points du Soleil, M. S.-P. Langley, directeur de l'Observatoire d'Allegheny (États-Unis), déduit les résultats suivants : Les taches solaires sont beaucoup plus brillantes *qu'on ne le croit communément*; le noyau le plus obscur émet encore une lumière de 5000 à 10 000 fois plus intense que celle de la pleine Lune. La lumière du Soleil est beaucoup plus absorbée que sa chaleur par le passage à travers son atmosphère; quant à la chaleur, il n'en passe guère que la moitié, l'autre moitié étant, soit absorbée par l'atmosphère du Soleil, soit réfléchie totalement. L'observation montre en outre que cette atmosphère est comparativement très-peu épaisse, et M. Langley est disposé à la regarder comme identique à cette couche observée par le professeur Young, de Darmouth, à la base de la chromosphère, et qui renverse les raies du spectre. Les changements qui peuvent s'accomplir dans cette atmosphère doivent, en faisant varier la quantité de chaleur émise par le Soleil, exercer une influence considérable sur la température de la Terre : à des variations périodiques dans le Soleil correspondraient sur notre globe des périodes climatologiques dont la Géologie nous montre peut-être la trace; des phénomènes du même ordre pourraient également être invoqués pour expliquer les changements des étoiles variables.

Le caractère essentiel de la théorie précédente est de rattacher la phase solaire à la phase initiale, celle des nébuleuses que Laplace a prise pour point de départ du système solaire, et à la phase finale de l'extinction (les étoiles disparues, le globe terrestre, les planètes, etc.). Telle serait l'évolution complète des grands amas de matière qui dissipent peu à peu dans l'espace leur énergie par voie de radiation lumineuse et calorifique. Elle nous fait envisager, non comme prochaine assurément, mais comme inévitable, la fin du Soleil lui-même, qui, après avoir brillé d'un éclat plus ou moins variable pendant des millions d'années, finira par s'éteindre. C'est en considérant cette phase finale qu'on peut se rendre compte du rôle énorme que le Soleil joue dans notre monde solaire, en dehors des actions mécaniques dues à l'attraction des masses. Quand la circulation interne qui alimente la photosphère et régularise sa radiation en y faisant participer l'énorme masse solaire viendra à se ralentir, puis à cesser, la vie végétale et animale, qui aura commencé depuis longtemps à se resserrer vers l'équateur, disparaîtra entièrement de notre globe, si d'autres causes ne l'ont pas fait disparaître plus tôt. Réduit aux faibles radiations stellaires, il sera envahi par le froid et les ténèbres de l'espace; les mouvements continuels de l'atmosphère feront place à un calme complet; les derniers nuages auront répandu sur la terre leurs dernières pluies; les ruisseaux, les rivières et les fleuves cesseront de ramener à la mer les eaux que la radiation solaire lui enlevait incessamment. La mer elle-même, entièrement gelée, cessera d'obéir aux mouvements des marées; la Terre ne recevra plus d'autre lumière propre que celle des étoiles. Peut-être les alternatives qu'on observe dans les étoiles au commencement de leur phase d'extinction se produiront-elles dans le Soleil; peut-être le développement de chaleur dû à quelque affaissement de la masse solaire rendra-t-il un instant à cet astre sa splendeur première; mais il ne tardera pas à s'affaiblir et à s'éteindre une seconde fois, comme les vingt-cinq soleils que l'on a vus palpiter et s'éteindre dans le ciel depuis deux mille ans. Quant au reste de notre petit monde, planètes et comètes partageront le sort de la Terre, tout en continuant à circuler suivant les mêmes lois autour du Soleil éteint.

## V.

## RECHERCHES SUR LES CAUSES DE LA PÉRIODICITÉ DES TACHES SOLAIRES.

Revenons aux taches du Soleil. Nous avons vu qu'elles varient en nombre de trente à trois cents, plus ou moins, et en superficie totale de 40 à 2000 millionièmes de l'hémisphère solaire, c'est-à-dire dans une proportion considérable; que d'un minimum au maximum suivant on ne compte que $3^{ans}$,7, tandis que pour retomber du maximum au minimum elles emploient $7^{ans}$,4; enfin que la période complète, soit d'un maximum à l'autre, soit d'un minimum à l'autre, est de $11^{ans}$,11.

Cette périodicité est un fait aujourd'hui démontré avec la certitude la plus incontestable. Elle a été découverte par celui qui le premier s'est avisé de compter les taches sur le Soleil, par le baron Schwabe, de Dessau.

Quelle belle leçon pour les amateurs d'Astronomie! Combien de découvertes peuvent ainsi être faites par la simple curiosité ou par la persévérance? Qu'y avait-il de plus enfantin en apparence que l'idée de s'amuser ainsi à compter chaque jour les taches du Soleil? Cependant le nom de Schwabe restera inscrit dans les annales de l'Astronomie pour avoir découvert ainsi cette mystérieuse période de dix ans dans la variation des taches solaires. Les astronomes patentés ne comprennent souvent rien à ces recherches délicates, et

Delambre, par exemple, dont l'esprit est à la fois si sévère et si étroit, daignait à peine parler de ces taches; encore avait-il soin de ne pas se compromettre en ajoutant cette profession de foi : « *Il est vrai qu'elles sont plus curieuses que vraiment utiles.* » Si Delambre avait compris la grandeur de l'Astronomie, il aurait su que dans cette Science il n'y a rien à négliger.

L'observateur allemand avait d'abord évalué la période à dix ans. Puis Wolff, de Zurich, l'a fixée avec précision au chiffre de 11$^{ans}$,11. Les astronomes difficiles ont été longtemps à l'admettre; mais aujourd'hui les plus récalcitrants sont forcés de la reconnaître.

Il n'y a pas d'effet sans cause. Quelle peut être la cause de ce mouvement de la surface solaire?

La cause peut être intérieure au Soleil. Elle peut aussi lui être extérieure.

Si elle est intérieure au corps solaire, elle ne sera pas facile à découvrir.

Si elle est extérieure, la première idée qui s'impose est de la chercher dans quelque combinaison des mouvements planétaires.

Parmi les différentes planètes du système, il en est une qui par son importance s'offre à nous la première, et il se trouve que précisément la durée de sa révolution autour du Soleil se rapproche beaucoup de la période précédente. Nos lecteurs ont déjà nommé Jupiter. Sa période est de 11$^{ans}$,85.

Pendant le cours de sa révolution, sa distance au Soleil subit une variation sensible. Cette distance, qui est en moyenne de 5,203 (celle de la Terre étant 1), descend au périhélie à 4,950 et s'élève à l'aphélie à 5,456. La différence entre la distance périhélie et la distance aphélie est de 0,506, c'est-à-dire d'un peu plus de la moitié de la distance de la Terre au Soleil, ou de 19 millions de lieues environ. C'est assez respectable. En tournant ainsi autour du Soleil, Jupiter exerce sur lui une attraction facile à calculer et déplace constamment son centre de gravité, qui ne peut, par conséquent, jamais coïncider avec le centre de figure de la sphère solaire et se trouve toujours tiré excentriquement du côté de Jupiter. L'attraction des autres planètes empêche cette action d'être régulière, mais ne peut pas l'empêcher d'être dominante.

Il pourrait se faire que ce mouvement de la masse solaire, tout léger qu'il fût relativement à cette masse énorme, se traduisît pour nous par des taches, et qu'il y eût par exemple un maximum de taches quand Jupiter attire le plus ou attire le moins le centre solaire. Si c'était bien là la cause de la périodicité des taches solaires, cette périodicité devrait être de 11$^{\text{ans}}$,85.

Mais elle est plus courte. Tandis que Jupiter ne revient à son périhélie qu'après 11$^{\text{ans}}$,85, le maximum des taches revient après 11$^{\text{ans}}$,11, c'est-à-dire $\frac{71}{100}$ d'année, ou 270 jours plus tôt. Ce chiffre est très-sûr, car il provient de la discussion de toutes les observations. Existe-t-il dans le système solaire une seconde cause de nature à forcer le phénomène à avancer ainsi sur le périhélie de Jupiter? Vénus tourne en 225 jours autour du Soleil, et tous les 245 jours environ rencontre le rayon vecteur de Jupiter. La Terre tourne en 365 jours, et rencontre le rayon vecteur de Jupiter tous les 400 jours. Ces deux planètes agissent certainement sur le Soleil de la même façon que Jupiter, mais avec moins d'intensité. Si cette action commune se traduisait par une augmentation de taches, on devrait voir dans les fluctuations des taches solaires des combinaisons de la période de $11^{ans},85$ de Jupiter avec celles de 1 an pour la Terre, et de 0,63 pour Vénus, surtout avec celle-ci, parce que Vénus agit avec plus d'intensité que nous. Malheureusement, cette combinaison ne paraît pas produire l'effet observé.

Que ce soit le périhélie ou l'aphélie de Jupiter qui occasionne les maxima des taches solaires, ces maxima devraient toujours coïncider avec les mêmes positions. Mais, au contraire, chaque révolution de Jupiter ajoute la différence de 0,74 que nous venons de remarquer, et au bout d'un certain temps, de 13 à 14 révolutions, les rôles sont renversés. Il nous faut donc, quoique avec regret, renoncer à Jupiter.

C'est ce qu'on peut facilement vérifier en traçant la courbe des taches solaires depuis l'année 1750, à laquelle on a pu sûrement remonter, jusqu'à cette année 1878, et au-dessous, pour la comparaison, la courbe de la variation de la distance de Jupiter au Soleil. On voit que le premier *maximum* de la distance de Jupiter a coïncidé avec le premier *minimum* des taches solaires; mais, lorsqu'on arrive à l'année 1803, les rôles sont renversés, et le *maximum* de Jupiter correspond au *maximum* du Soleil. Actuellement, le *maximum* de Jupiter se rapproche de nouveau du *minimum* du Soleil (*voir* la *fig.* 10, p. 84).

Quel que soit le rapport qui existe entre les deux périodes, le rapprochement est donc purement accidentel, car on ne peut logiquement admettre que la même cause produise des effets contraires, et que le périhélie amène tantôt un minimum et tantôt un maximum.

Cependant éloignons l'idée de la variation de distance de Jupiter, et considérons seulement sa révolution, imaginée circulaire. Supposons que la variation de distance n'agisse pas sensiblement. Il n'en reste pas moins le fait de l'attraction jovienne qui fait tourner le centre de gravité du Soleil autour de son centre de figure en 11^ans,85. Les taches sont-elles toujours sur le rayon vecteur de Jupiter? Non, car la Terre croise tous les treize mois ce rayon vecteur et ne voit pas plus de taches sur cet hémisphère solaire que sur l'hémisphère vu six mois et demi auparavant. De plus, le Soleil tourne sur lui-même en 26 jours et amènerait ces taches en vue de la Terre, puisqu'elles tournent avec la surface solaire. Sous quelque aspect que nous discutions la question, nous sommes donc toujours conduits bien malgré nous à éliminer l'influence de Jupiter.

Il en est de même, à plus forte raison, de celle de toutes les autres planètes.

Nous n'avons donc pas à revenir ici (*voir* t. III, p. 116) sur les calculs qui ont été faits relativement à la valeur numérique de l'attraction des planètes sur le Soleil, puisque la période des taches ne correspond décidément pas avec le maximum de cette influence. Mais nous verrons plus loin que peut-être les planètes influent sur la position des taches et sur leurs dimensions.

Si nous considérons avec attention les variations périodiques des taches, nous ne tarderons pas, du reste, à penser qu'il est difficile de les relier directement avec une fonction astronomique quelconque, car les taches se présentent d'une manière soudaine et irrégulière qui contraste trop manifestement avec l'action continue et progressive des perturbations de la Mécanique céleste. Cependant il pourrait se faire qu'elles fussent des manifestations visibles de l'activité périodique du Soleil, activité qui dépendrait elle-même de l'action des planètes et de leurs positions relatives. La cause ainsi définie de l'activité du grand astre peut être très-régulière; cette activité elle-même peut varier d'une manière continue, sans que les phénomènes qui en résultent possèdent la même continuité et la même régularité. C'est ce que nous voyons sur la Terre dans la succession périodique des saisons : la position du Soleil et par conséquent sa manière d'agir sur notre globe varient avec une continuité remarquable, et cependant les phénomènes météorologiques qui en résultent sont irréguliers et capricieux. Les taches ne sont sans doute que les effets secondaires produits par des causes plus importantes et plus radicales.

Ainsi la cause de la périodicité des taches solaires ne paraît pas venir des planètes, ni des étoiles à plus forte raison, et être extérieure au corps solaire. Elle doit donc lui être intérieure.

Cette variation est sans doute du même ordre que

## TACHES SOLAIRES.

### AMPLITUDE ET ÉPOQUES DES MAXIMA ET MINIMA OBSERVÉS.

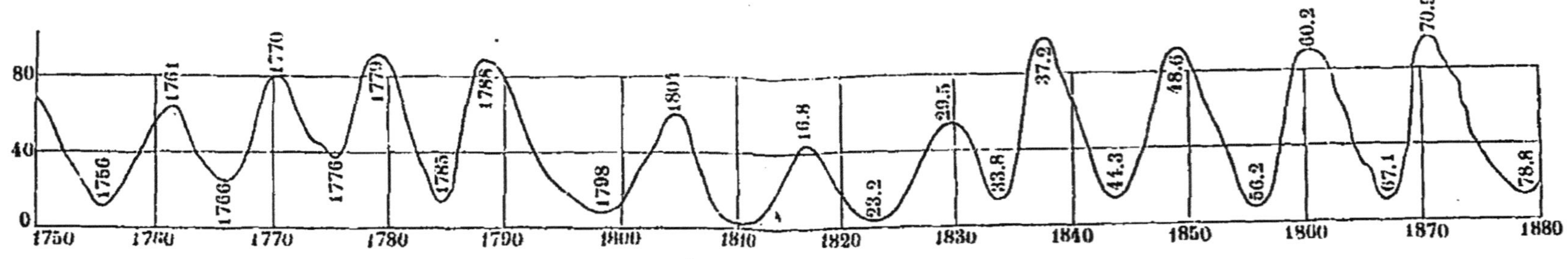


## JUPITER.

### VARIATIONS DU RAYON VECTEUR. — ÉPOQUES DU PÉRIHÉLIE ET DE L'APHÉLIE.

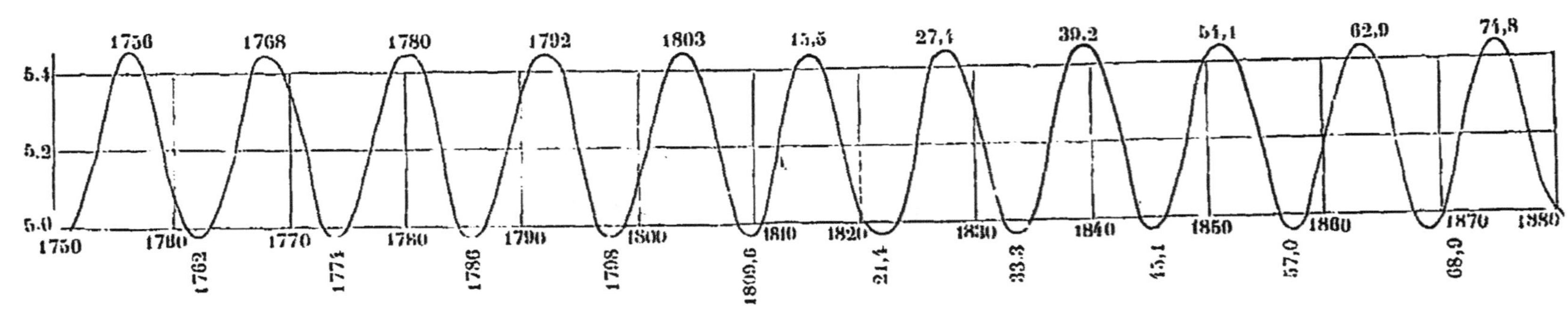


Fig. 10. — Comparaison de la variation du nombre des taches solaires avec celle de la distance de Jupiter au Soleil.

celle des *étoiles variables*. Mais la cause d'une périodicité régulière reste toujours à chercher.

Existe-t-il dans le ciel d'autres astres qui présentent une périodicité analogue partagée en deux sections différentes, le temps de l'accroissement étant plus court que celui du décroissement? Parmi les étoiles variables, nous pouvons remarquer o de la Baleine, l'une des plus curieuses, qui emploie 40 jours pour s'élever de l'invisibilité à son maximum d'éclat, et 60 pour retomber à l'invisibilité. Si cette variation d'éclat est produite par des taches, le partage de la période serait contraire à celui de la période solaire, puisque le nombre des taches emploierait plus de temps pour son accroissement que pour sa diminution. La période de cette étoile est de 331 jours et paraît soumise elle-même à certaines fluctuations.

Une autre étoile variable, δ Céphée, s'élève de son minimum ($4^e \frac{1}{2}$) à son maximum ($3^e \frac{1}{2}$) en $1^j 14^h$, et emploie $3^j 19^h$ pour descendre de son maximum à son minimum.

Plusieurs autres variables présentent également ces partages inégaux de période. On peut donc assimiler notre Soleil à ces étoiles; mais le problème de la cause de la périodicité des taches reste toujours irrésolu.

On remarque dans un phénomène terrestre, dû à l'attraction de la Lune et du Soleil, un partage inégal de période analogue à celui des taches solaires : c'est dans le flux et le reflux de la mer. L'intervalle moyen entre deux pleines mers consécutives est de $12^h 25^m$; mais la basse mer ne tient pas le milieu entre deux pleines mers : on a observé que la mer met plus de temps à descendre qu'à monter. La différence n'est pas la même dans tous les ports. Ainsi, par exemple, au Havre, elle emploie $2^h 8^m$ de plus à descendre qu'à monter; il en est de même à Boulogne; à Brest, la différence est seulement de $16^m$, etc.

La cause de la périodicité des taches solaires se trouvera peut-être quelque jour, à la suite d'une comparaison générale des phénomènes concomitants qui paraissent soumis à un mouvement périodique analogue. Les documents paraissent aujourd'hui assez nombreux pour essayer un examen complet de la question. Le premier rapport qui s'offre à notre attention est celui du magnétisme terrestre et de l'oscillation diurne de l'aiguille aimantée.

# VI.

## RAPPORT ENTRE LES TACHES SOLAIRES ET LE MAGNÉTISME TERRESTRE.

On sait que l'aiguille aimantée ne reste pas fixe dans le plan du méridien magnétique, mais se meut sans cesse à droite et à gauche de ce plan. Le plus grand écart à l'est se produit vers $8^h$ du matin. Alors l'aiguille s'arrête, revient vers la ligne du nord magnétique, la dépasse, et atteint son plus grand écart de l'ouest vers $1^h 15^m$ de l'après-midi. Cette excursion de l'est à l'ouest s'opère donc en $5^h 15^m$. Le reste des

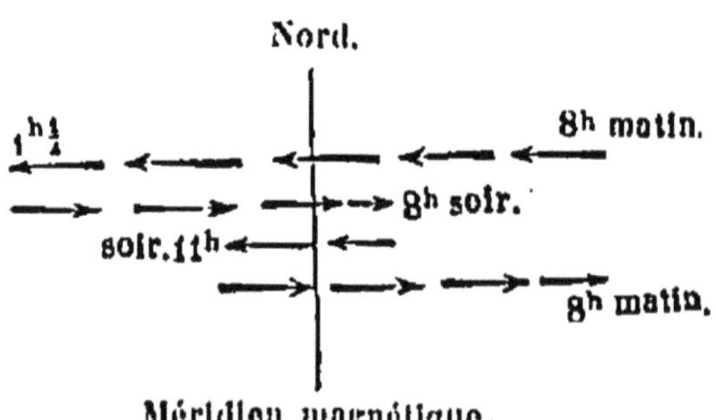


Fig. 11. — Marche journalière de l'aiguille de déclinaison.

vingt-quatre heures est employé à revenir au point de départ. Mais, dans l'intervalle, l'aiguille exécute une petite oscillation de même sens que la précédente. Vers $8^h$ du soir, elle rebrousse chemin jusqu'à 11 heures. Ce n'est qu'à partir de cette heure qu'elle reprend sa marche vers l'est jusqu'à 8 heures du matin. La *fig.* 11 reproduit, sur des lignes parallèles, ces quatre mouvements, qui constituent la double oscillation diurne; et la *fig.* 12 en donne la courbe régulière, présentant deux maxima et deux minima inégaux en vingt-quatre heures.

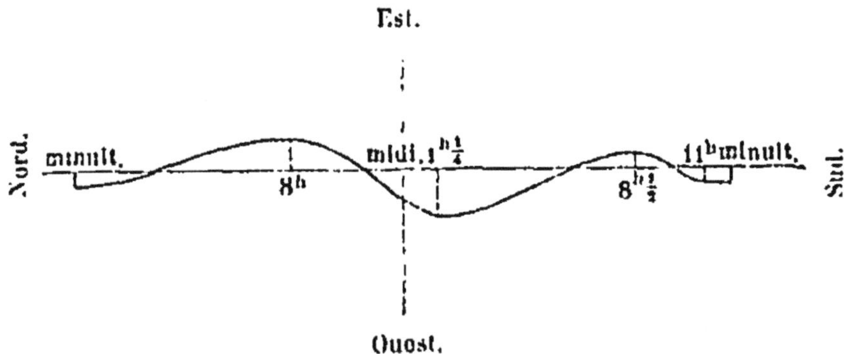


Fig. 12. — Courbe de l'oscillation diurne de l'aiguille de déclinaison.

Ce phénomène est absolument général; il se reproduit par toute la Terre, en suivant les mêmes lois; seulement l'amplitude de l'oscillation, qui est en moyenne de 10′ à Paris, se réduit à 1′ ou 2′ entre les tropiques, et va croissant au contraire vers les pôles. En outre, la marche de l'aiguille, ordinairement très-régulière, est parfois troublée accidentellement par des perturbations qui se font sentir au même moment sur de très-grands espaces.

En chaque lieu, les heures auxquelles l'aiguille atteint le maximum de son excursion, soit à droite, soit à gauche, sont si constantes, que l'observateur pourrait s'en servir pour régler sa montre.

Nous nous formerons une idée très-exacte du phénomène par la *fig.* 13, qui représente les variations

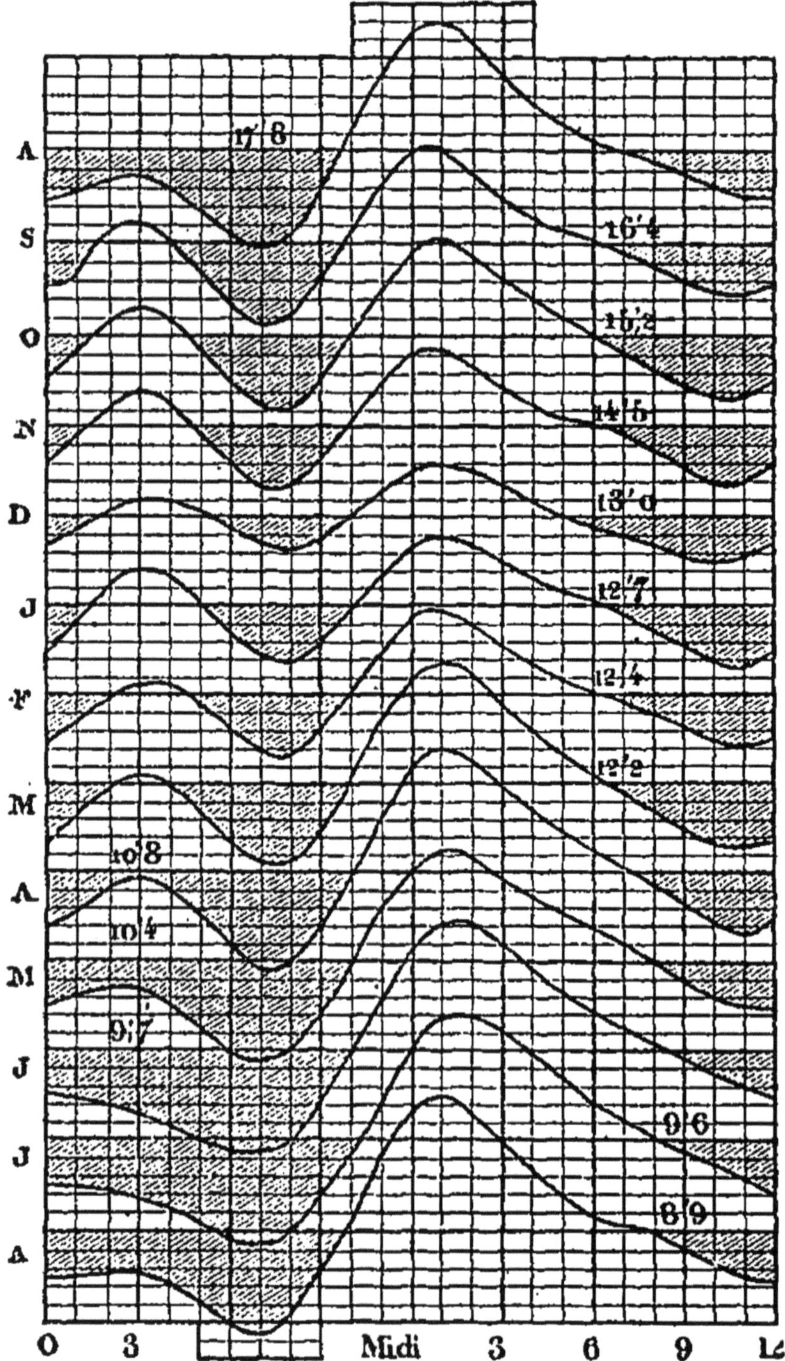


Fig. 13. — Oscillation diurne de l'aiguille de déclinaison (août 1876 à août 1877).

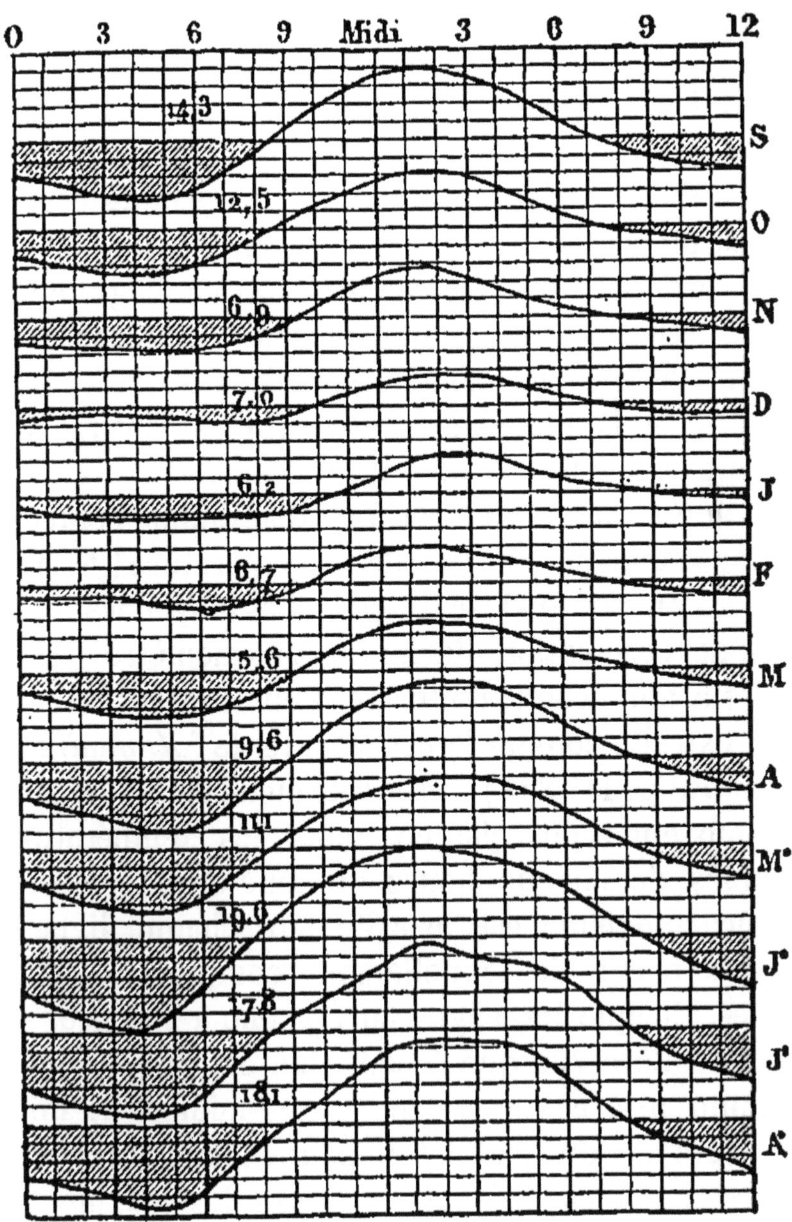


Fig. 14. — Variation diurne de la température (septembre 1876 à août 1877).

moyennes diurnes de la déclinaison, observées à l'Observatoire physique de Montsouris, pendant une année, du mois d'août 1876 au même mois 1877. On voit que l'oscillation est double, que le grand maximum arrive vers $1^h$ de l'après-midi et le petit vers 3 heures du matin, qu'un minimum se manifeste vers 7 heures du matin (vers 8 heures en hiver), et un second vers 11 heures ou minuit. Dans ce diagramme, chaque ligne horizontale mensuelle représente la moyenne de chaque mois; les parties de la courbe inférieures à la moyenne sont ombrées. Chaque interligne correspond à 1′ d'arc.

On comparera avec intérêt à ce diagramme celui des variations moyennes diurnes de la température (*fig.* 14), observées au même Observatoire. Les moyennes mensuelles de l'oscillation diurne du thermomètre y sont figurées à une échelle uniforme. Pour construire cette figure (extraite comme la précédente de l'*Annuaire de Montsouris* pour 1878), on a retranché de la température moyenne de chaque mois les températures moyennes de chaque heure du jour de ce mois. La première moyenne est inscrite sur chaque ligne de repère à partir de laquelle sont comptés les écarts horaires. Chaque interligne correspond à 1 degré. On voit à première vue que l'oscillation est simple, que le maximum arrive vers $2^h$ de l'après-midi et le minimum vers $4^h$ du matin (ou pour mieux dire avant le lever du Soleil, suivant les mois). Les maxima des deux figures se rapprochent; mais il n'y a rien dans la courbe thermométrique qui rappelle le minimum magnétique de $7^h$ du matin.

Il n'est pas douteux, néanmoins, que les variations diurnes de l'aiguille de déclinaison ne dépendent de la marche du Soleil. Dans l'hémisphère austral, les mouvements se produisent en sens inverse; là, c'est le pôle sud qui marche vers l'ouest depuis le matin jusqu'à $2^h$ de l'après-midi, et revient en arrière pendant le reste du jour. Il est facile d'apprécier cette différence symétrique sur notre *fig.* 15, qui représente les

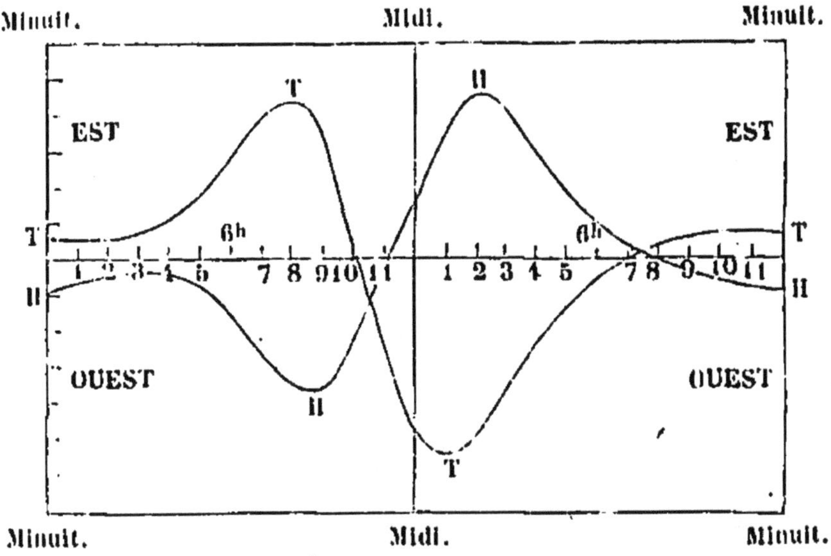


Fig. 15. — Variation diurne de la déclinaison à Toronto (46° nord) et Hobarton (43° sud.)

deux courbes de la variation diurne dans l'hémisphère boréal et dans l'hémisphère austral; la première est celle de Toronto (46° de latitude nord), la seconde est celle d'Hobarton (43° de latitude sud).

La courbe de la variation de l'humidité de l'air suivant les heures du jour offre en quelque sorte la

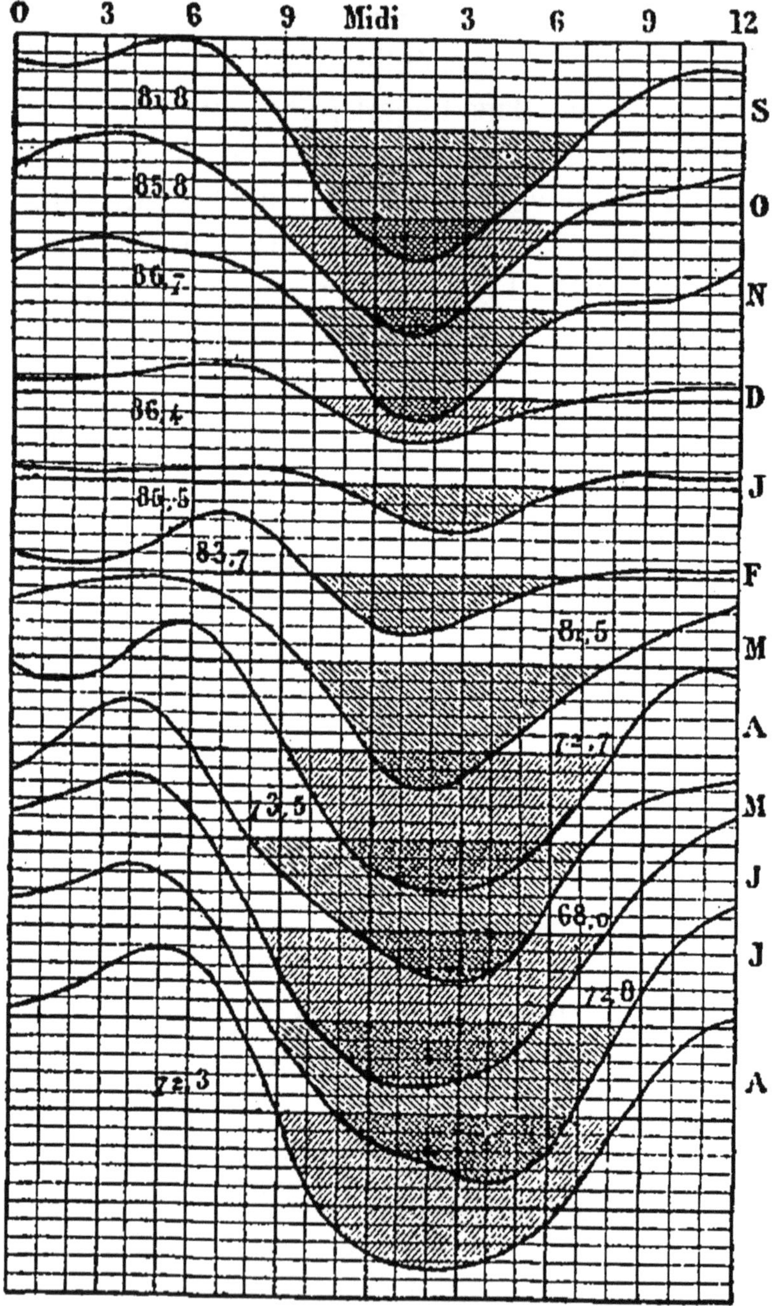


Fig. 16. — Variation diurne de l'humidité atmosphérique (septembre 1876 à août 1877).

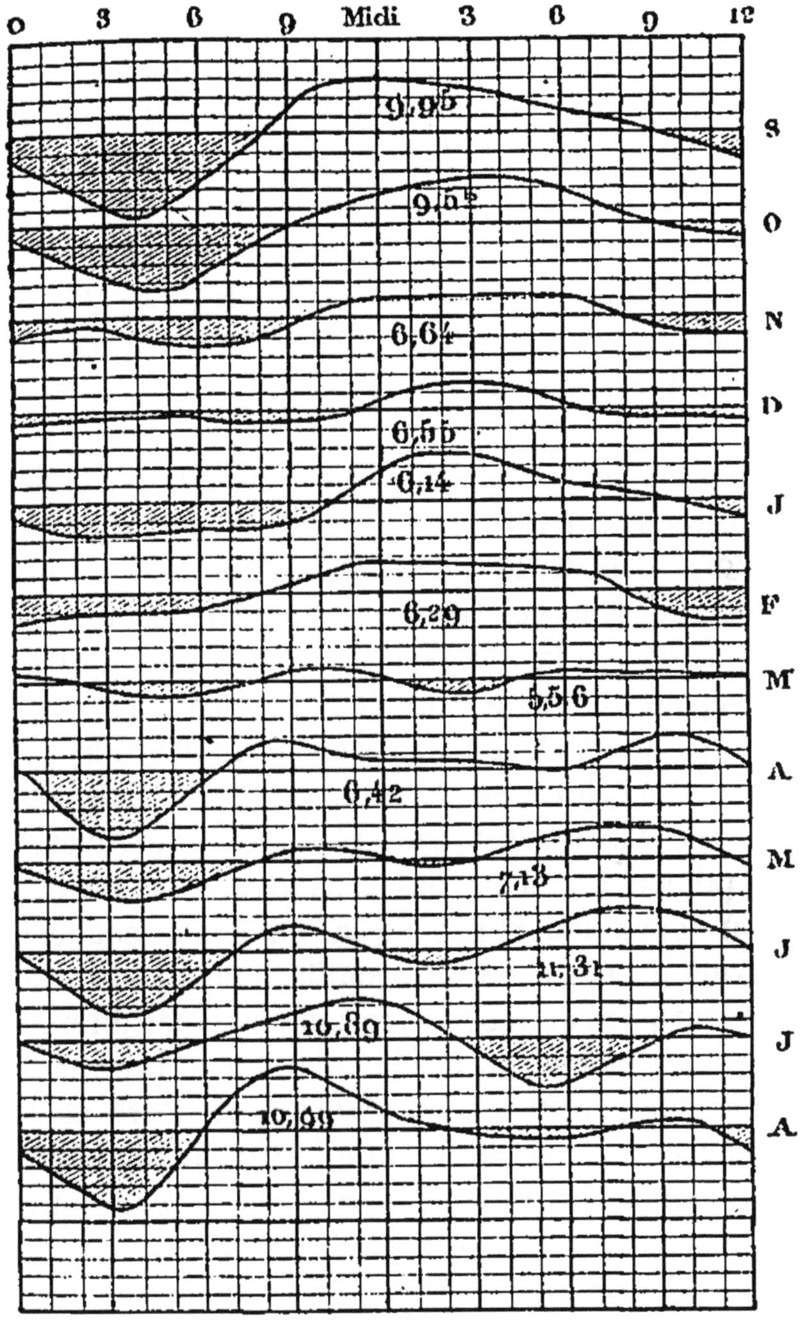


Fig. 17. — Variation diurne de la tension de la vapeur d'eau (même période).

symétrie de celle de la température. Le minimum arrive vers 2h ou 3h de l'après-midi et le maximum, assez irrégulier d'ailleurs, vers le lever du Soleil. Sur la *fig.* 16 les lignes de repère correspondant à chaque mois représentent le degré hygrométrique moyen de ce mois; puis, au-dessus ou au-dessous de cette ligne, on a porté les écarts en plus ou en moins du degré hygrométrique horaire sur la moyenne. Les parties teintées des courbes correspondent aux périodes de sécheresse relative.

La tension de la vapeur d'eau présente généralement un minimum vers 4h du matin et un maximum vers midi, mais cette variation est loin d'être aussi régulière que celle des trois éléments précédents. En comparant la *fig.* 17 à la *fig.* 16, on voit que la quantité de vapeur contenue dans l'air augmente en général dans le jour, malgré l'abaissement du degré hygrométrique dû à l'élévation de la température. Mais cette quantité de vapeur est une résultante de diverses causes qui agissent dans des sens divers. Avant l'arrivée du jour, une partie de la vapeur se condense sous forme de rosée ou de brouillard ou est absorbée directement par la terre; sa tension passe par un minimum plus ou moins accentué; puis, après le lever du Soleil, la température monte, l'eau, la terre et les plantes évaporent : la tension de la vapeur augmente. Cette augmentation devrait durer tout le jour, ou du moins jusque dans le voisinage du maximum thermométrique, si l'air était fixe; mais d'une part la vapeur tend à se diffuser dans les couches supérieures de l'atmosphère, où souvent elle se résout en eau ou en

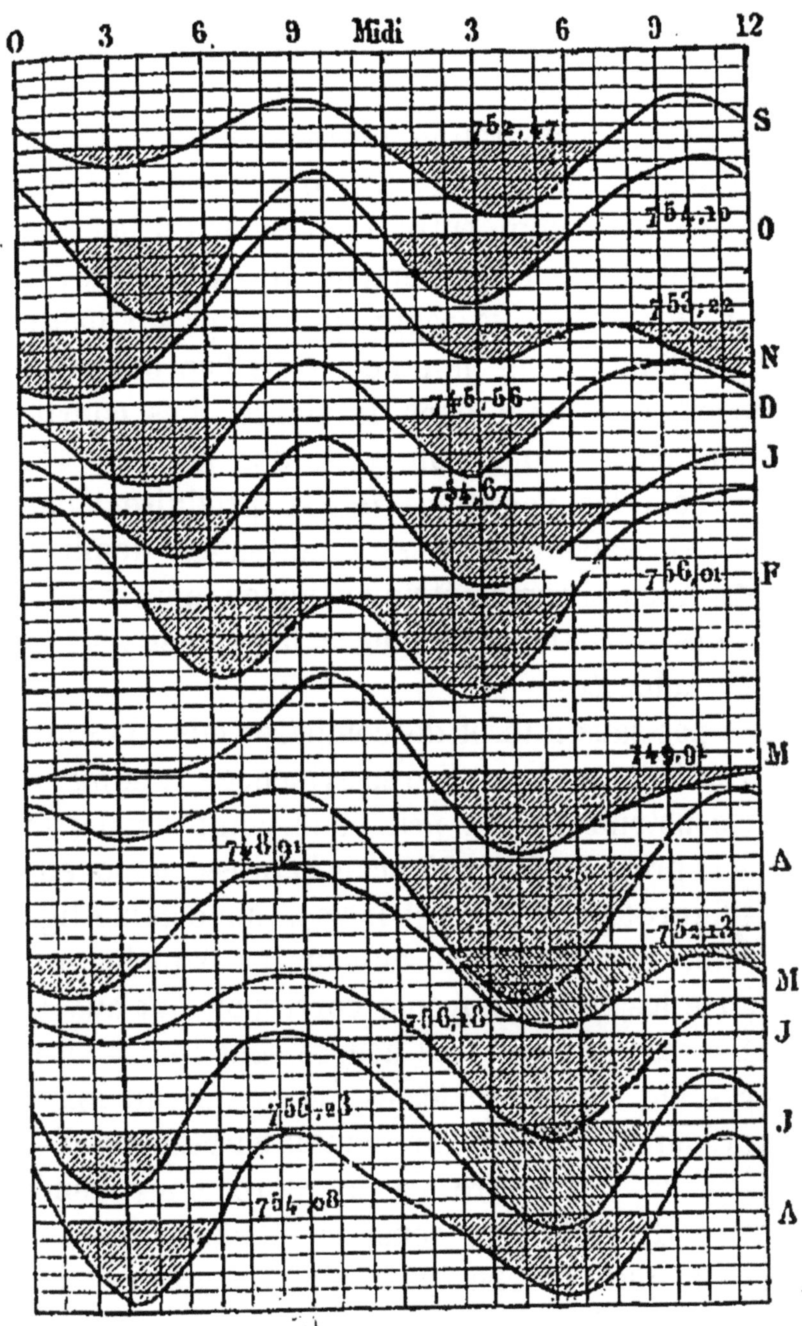


Fig. 18. — Variation diurne du baromètre (même période).

nuages, et d'autre part cette diffusion est activée par les mouvements ascendants de l'air. De septembre 1876 à février 1877, l'évaporation diurne l'a emporté sur la dispersion de la vapeur. La courbe des tensions présente son maximum entre midi et 3h du soir; de mars à août, c'est la dispersion qui a dominé; le maximum de tension se rapproche de 9h du matin; il est suivi d'un second minimum dans l'après-midi et d'un second maximum dans la soirée. Les courbes de tension ont, comme on voit, des allures très-variées; mais les variations qui se produisent dans la quantité de vapeur sont assez nettement dominées par la variation thermométrique diurne pour que les courbes des variations du degré hygrométrique en soient peu affectées.

Il n'est pas sans intérêt de comparer aussi l'oscillation diurne du baromètre mise en évidence sur la *fig.* 18. Pour la construire, on a pris pour point de départ, non plus la pression fixe 755, mais la pression moyenne du mois figuré; ce chiffre est inscrit sur chaque ligne horizontale, en dessus et en dessous de laquelle nous avons porté les écarts moyens, correspondant aux diverses heures du jour; ces heures sont représentées par vingt-cinq lignes verticales, de minuit au minuit suivant. Chaque interligne horizontal correspond d'ailleurs à $\frac{1}{10}$ de millimètre de mercure pour rendre l'oscillation dix fois plus sensible qu'elle ne l'est en réalité. Chaque courbe présente l'image de deux maxima, quelquefois très-inégaux entre eux, et de deux minima, pareillement d'inégale importance. Le premier maximum, généralement le plus accentué, a lieu vers

9h du matin; le minimum suivant a lieu de 3h à 5h du soir; le second maximum et le second minimum se montrent à des heures variables.

L'oscillation barométrique diurne est évidemment liée à la marche du Soleil, non que le Soleil agisse par sa masse, mais par l'effet des changements de température qu'il produit dans les couches inférieures de l'atmosphère. Dans la matinée ces couches s'échauffent, elles tendent à se dilater; mais, pour se dilater, il leur faut refouler les couches supérieures, et par suite acquérir un excès de pression. L'inverse a lieu dans l'après-midi quand les couches inférieures commencent à se refroidir. Les maxima et minima de nuit ne sont que le prolongement des deux premiers par l'intervention des vitesses acquises; ils sont moins réguliers dans leur amplitude et dans les heures de leur apparition, parce que, n'étant qu'un reflet de la cause première, ils sont plus influencés par les conditions météorologiques du mois.

L'électricité atmosphérique suit, comme la pression de l'air et comme l'humidité ambiante, la variation de la température. Au lever du Soleil elle est faible. Elle atteint son maximum vers 6h ou 7h en été, vers 10h, 11h et même midi en hiver. Puis elle décroît rapidement. A 2h, elle est redevenue aussi faible qu'au lever du Soleil. Elle va en diminuant jusqu'à deux heures avant le coucher du Soleil, en été jusqu'à 4h, 5h ou 6h du soir, en hiver jusqu'à 3h. Son minimum dure plus longtemps que son maximum. Dès que le Soleil s'approche de l'horizon, elle commence à croître de nouveau, augmente très-sensiblement au moment du coucher du Soleil, s'accroît pendant le crépuscule et atteint un second maximum environ deux heures après le coucher du Soleil. Ce second maximum égale ordinairement celui du matin, mais il dure peu, et l'électricité diminue lentement jusqu'au lendemain matin. Cette marche moyenne de l'électricité atmosphérique est liée principalement à celle de l'humidité, des vapeurs et des brouillards.

Toutes ces comparaisons étaient utiles pour l'analyse que nous faisons ici de la variation diurne du magnétisme. Elles mettent en évidence la cause de cette variation. Nous pouvons, je crois, conclure sans témérité que l'oscillation diurne de l'aiguille aimantée est produite par l'oscillation diurne de la température, à laquelle se surajoute celle de l'électricité, de la vapeur d'eau, de la pression atmosphérique, etc. Si l'on examine la variation mensuelle, on arrive à la même conclusion. L'oscillation est plus faible en hiver, plus forte en été. La variation thermométrique (voir *fig.* 14) est également plus faible en hiver, plus forte en été. Cette même variation va également en croissant des régions tropicales vers les régions polaires. On peut donc affirmer que cette fameuse oscillation diurne dépend en première ligne de la variation de la température, due au Soleil, et agissant, par l'intermédiaire de l'électricité atmosphérique, sur le magnétisme terrestre dont l'aiguille aimantée indique les modifications corrélatives.

Nous n'avons pas parlé de l'inclinaison magnétique, parce que cet élément offre des variations bien moins sensibles que la déclinaison; l'amplitude n'est appréciable que dans les mois du printemps et de l'été. La *fig.* 19 (p. 102), tracée à la même échelle que la *fig.* 13, montre ces faibles variations, qui sont de même nature que celles de la déclinaison : maximum vers 8h du matin, minimum vers 2h de l'après-midi, auquel succède un nouveau maximum.

La composante horizontale de la force magnétique terrestre (*fig.* 20, p. 103) montre des variations diurnes peu accentuées en hiver, mais assez marquées en été. Son minimum s'accuse vers 9h du matin.

Revenons à la déclinaison. Nous avons vu que l'amplitude des oscillations diurnes varie chaque jour, chaque mois, chaque année. Si l'on prend la moyenne des observations d'une année entière, on constate que cette moyenne annuelle varie périodiquement. Dès l'année 1851, Lamont, de Munich, remarqua que cette variation est périodique et qu'elle passe par un maximum et par un minimum en dix années environ. Ce fait fut confirmé aussitôt après par le général Sabine, à l'aide d'une discussion rigoureuse des observations faites à deux stations magnétiques très-éloignées l'une de l'autre, Toronto et Hobartown, et en même temps il fut frappé du fait que les époques où les variations sont maxima correspondent avec celles où les taches solaires sont aussi en nombre maximum.

Remarque curieuse et qui se renouvelle fréquemment dans l'histoire des sciences, en même temps que le savant anglais faisait cette découverte du rapport entre les variations annuelles de l'oscillation diurne et celles des taches solaires, Gautier faisait la même remarque à Genève et Wolf à Zurich, tous deux

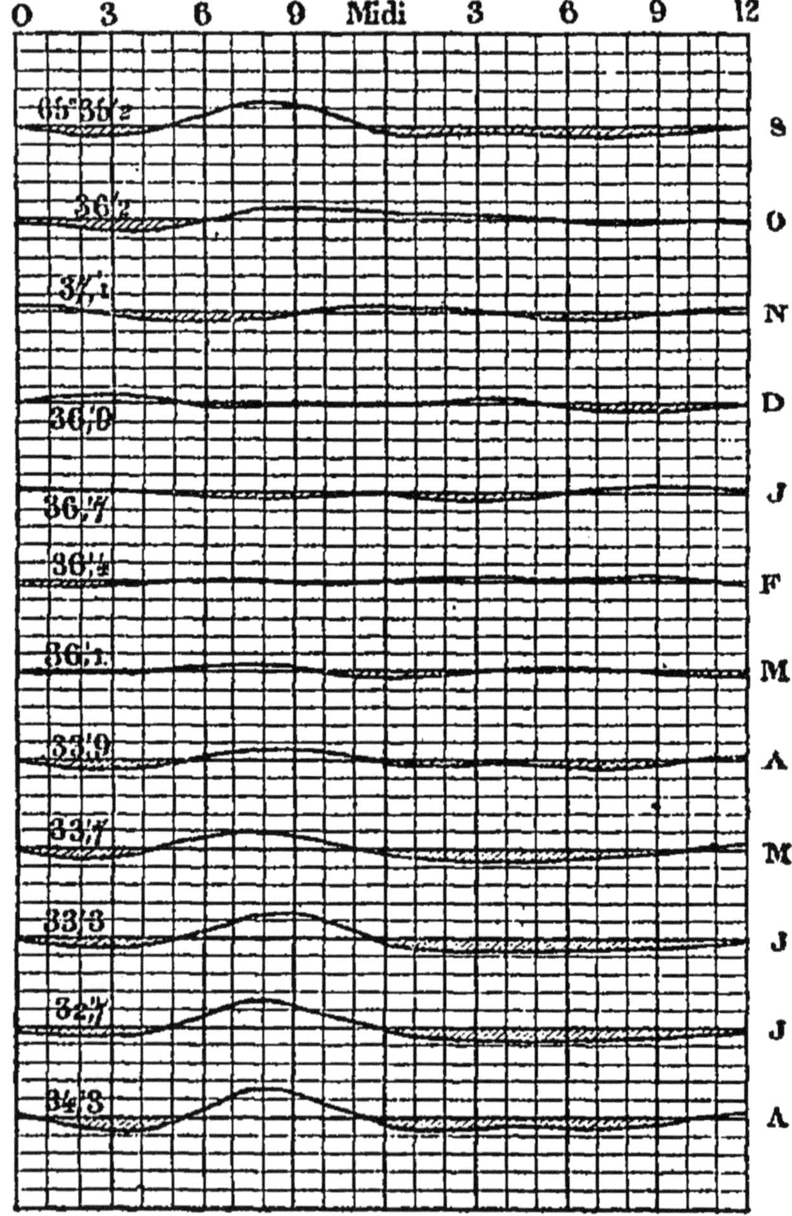


Fig. 19. — Variation diurne de l'aiguille d'inclinaison (septembre 1876 à août 1877).

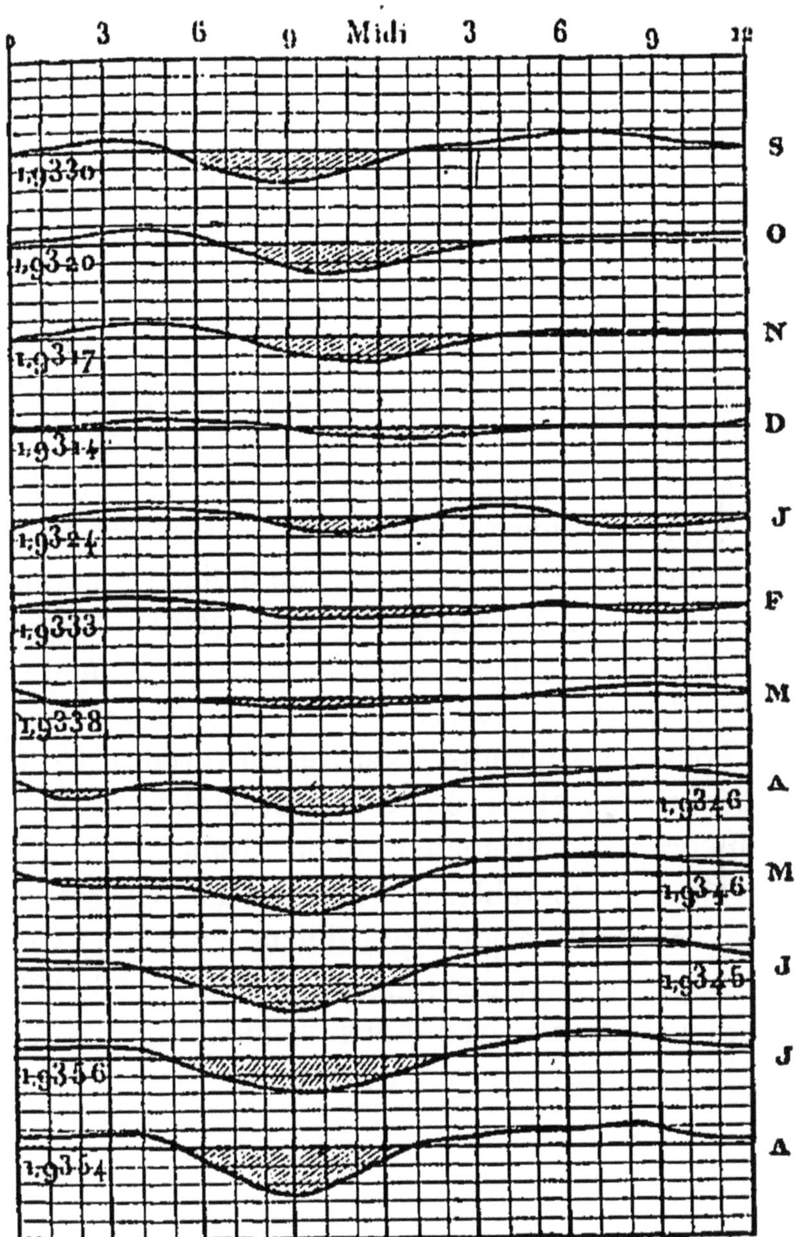


Fig. 20. — Variation diurne de la composante horizontale de la force magnétique terrestre.

également d'une manière indépendante. Le fruit était mûr.

Cette correspondance n'est pas admise par tous les astronomes. M. Faye affirme même que « ces deux phénomènes n'ont aucun rapport entre eux » (*Annuaire*, 1878, p. 650). Pour nous former une opinion, il importe d'abord de comparer le plus grand nombre d'observations possible.

Formons pour cela un tableau d'ensemble des principales observations, et comparons-les à celles des taches solaires. Dans le tableau suivant, la première colonne porte l'année depuis 1826, la première où l'on a compté les taches ; la seconde indique le nombre des taches comptées chaque année, comme dans le tableau de la page 4 ; la troisième donne le nombre relatif de la fréquence des taches, calculé par Wolf ; les six colonnes suivantes montrent la variation diurne de la déclinaison observée aux observatoires de Paris, Munich, Prague, Christiania, Milan, Rome.

On voit, par ce tableau, qu'il y a eu des maxima dans la variation magnétique diurne en 1829, 1838, 1848, 1859, 1871, et des minima en 1844, 1856, 1867, ainsi qu'à l'époque que nous venons de traverser (1877-78). Le fait n'est pas contestable.

| Années. | Nombre des taches. | Nombre relatif. | Variation diurne de la déclinaison à Paris. | Munich. | Prague. | Christiania. | Milan. | Rome |
|---|---|---|---|---|---|---|---|---|
| 1826.. | 118 | | 9′·77″ | | | | | |
| 1827.. | 161 | | 11.31 | | | | | |
| 1828.. | 225 | | 11.38 | | | | | |
| 1829.. | 199 | | 14.73 | | | | | |
| 1830.. | 190 | | 12.13 | | | | | |
| 1831.. | 149 | | 12.24 | | | | | |
| 1832.. | 84 | | Série bien commencée, dès 1820, mais arrêtée. | | | | | |
| 1833.. | 33 | | | | | | | |
| 1834.. | 51 | | | | | | | |
| 1835.. | 173 | | | 9′,57 | | | | |
| 1836.. | 272 | 96,7 | | 12,34 | | | 10′,41 | |
| 1837.. | 333 | 111,0 | | 12,27 | | | 12,03 | |
| 1838.. | 282 | 82,6 | | 12,74 | | | 12,03 | |
| 1839.. | 162 | 68,5 | | 11,03 | | | 10,63 | |
| 1840.. | 152 | 51,8 | | 9,91 | 8′,84 | | 9,46 | |
| 1841.. | 102 | 29,7 | | 7,82 | 7,43 | | 8,32 | |
| 1842.. | 68 | 19,5 | | 7,08 | 6,34 | 5′,48 | 7,50 | |
| 1843.. | 34 | 8,06 | | 7,15 | 6,57 | 5,76 | 7,36 | |
| 1844.. | 52 | 13,0 | | 6,61 | 6,05 | 5,23 | 6,99 | |
| 1845.. | 114 | 33,0 | | 8,13 | 6,99 | 5,81 | 7,62 | |
| 1846.. | 157 | 47,0 | | 8,81 | 7,65 | 6,12 | 7,93 | |
| 1847.. | 257 | 79,4 | | 9,55 | 8,78 | 7,39 | 9,72 | |
| 1848.. | 330 | 100,4 | | 11,15 | 10,75 | 9,18 | 11,37 | |
| 1849.. | 238 | 95,6 | | 10,64 | 10,27 | 8,61 | 9,92 | |
| 1850.. | 186 | 64,5 | | 10,44 | 9,97 | 8,49 | 8,91 | |
| 1851.. | 151 | 61,9 | | 8,71 | 8,32 | 6,89 | 7,17 | |
| 1852.. | 125 | 52,2 | | 9,00 | 8,09 | 7,17 | 7,57 | |
| 1853.. | 91 | 37,7 | | 8,63 | 7,09 | 6,59 | 7,59 | |
| 1854.. | 67 | 19,2 | | 7,56 | 6,81 | 6,00 | 5,76 | |
| 1855.. | 79 | 6,9 | | 7,33 | 6,41 | 5,16 | 5,60 | |
| 1856.. | 34 | 4,2 | | 7,08 | 5,98 | 5,02 | 5,12 | |

| Années. | Nombre des taches. | Nombre relatif. | Variation diurne de la déclinaison à Paris. | Munich. | Prague. | Christiania. | Milan. | Rome. |
|---|---|---|---|---|---|---|---|---|
| 1857.. | 98 | 21,6 | | 7',64 | 6',95 | 5',51 | 5',41 | |
| 1858.. | 188 | 50,9 | | 9,33 | 7,41 | 7,56 | 7,71 | |
| 1859.. | 205 | 96,4 | | 11,17 | 10,37 | 9,13 | 10,01 | 10',87 |
| 1860.. | 211 | 98,6 | 11',05 | 10,93 | 10,05 | 8,42 | 8,05 | 10,98 |
| 1861.. | 204 | 77,4 | | 10,20 | 9,17 | 7,81 | 7,51 | 9,60 |
| 1862.. | 160 | 59,4 | | 8,64 | 8,59 | 6,88 | 7,61 | 8,99 |
| 1863.. | 124 | 44,4 | 7,05 | 8,24 | 8,84 | 7,00 | 7,26 | 7,86 |
| 1864.. | 130 | 46,9 | 6,01 | 7,64 | 8,02 | 6,00 | 7,19 | 8,38 |
| 1865.. | 93 | 30,5 | 5,63 | 7,35 | 7,80 | 5,72 | 5,85 | 7,59 |
| 1866.. | 45 | 16,3 | 5,20 | 6,88 | 6,63 | 5,70 | 4,21 | 7,14 |
| 1867.. | 25 | 7,3 | 4,91 | 7,00 | 6,47 | 5,69 | 4,95 | 6,58 |
| 1868.. | 101 | 37,3 | 5,48 | 7,71 | 7,27 | 6,65 | 6,81 | 7,13 |
| 1869.. | 198 | 73,9 | | 9,22 | 9,44 | 7,82 | 8,78 | 8,95 |
| 1870.. | 305 | 139,1 | | 12,27 | 11,47 | 9,95 | 11,52 | 10,97 |
| 1871.. | 304 | 111,2 | (9,5) | 11,70 | 11,60 | 9,86 | 10,70 | 11,13 |
| 1872.. | 292 | 101,7 | (9,9) | 10,96 | 10,70 | 9,21 | 10,32 | 10,65 |
| 1873.. | 215 | 66,3 | (9,0) | 9,12 | 9,05 | 9,72 | 8,64 | 9,01 |
| 1874.. | 159 | 44,6 | 9,5 | 8,33 | 7,98 | 7,09 | 7,77 | 8,11 |
| 1875.. | 91 | 17,1 | 8,9 | 7,05 | 6,73 | 5,66 | 5,78 | 6,97 |
| 1876.. | 57 | 11,3 | 9,9 | 6,79 | 6,47 | 5,48 | 6,31 | 6,82 |
| 1877.. | 48 | 12,3 | 10,1 | 6,61 | 5,95 | 5,20 | 5,68 | 6,63 |
| 1878.. | 19 | 3,6 | 9,4 | | 5,65 | 5,79 | 5,30 | 6,22 |

Nous ne pouvons nous empêcher d'exprimer ici le regret que la série d'observations magnétiques si admirablement commencée par Arago à l'Observatoire de Paris dès l'année 1820 ait été interrompue en 1832 et n'ait jamais été reprise depuis dans cet établissement avec le soin scrupuleux et la régularité que cette étude mériterait. La France, qui avait donné l'exemple il y a soixante ans, est restée en retard depuis sur tous les autres pays. (Nous aurions à chaque instant des remarques analogues à faire sur l'Observatoire de Paris, si elles n'étaient trop pénibles, et inutiles). Il est, au surplus, assez rare de voir une réunion de douze, vingt ou trente savants avoir la persévérance d'un seul homme et l'unité d'esprit nécessaire pour mener à bonne fin un travail quelconque, et c'est pourquoi la plupart des questions astronomiques ont été traitées et résolues par des savants isolés. Cependant il est des observations qui ne devraient jamais être effacées d'un programme scientifique : telles sont, entre autres, les observations trihoraires du magnétisme terrestre.

La série entière des *Annales de l'Observatoire de Paris* (vingt-cinq volumes, 1800 à 1877) est pour ainsi dire muette sur cet important sujet. Les treize premiers volumes, 1800 à 1857, n'en font pas la moindre mention. On trouve parfois, dans l'*Annuaire du Bureau des Longitudes*, des observations isolées, que les astronomes français déclarent n'avoir pu continuer, parce qu'on a posé un tuyau de fonte dans le jardin de la Maternité ! Excuse de paresseux (pardonnez-nous l'aveu). En 1858, on a fait deux observations, le 2 et le 8 décembre. En 1859, on a observé l'aiguille de juin à décembre, à des heures variées et non réduites. En 1860, 1863, 1864, 1865, 1866, 1867, 1868, on paraît avoir eu assez de confiance dans les observations faites pour les discuter et publier les moyennes fournies pour chaque mois. J'ai pris les différences de ces moyennes pour $9^h$ du matin et midi, je les ai additionnées et divisées par 12. C'est le résultat de cette opération que j'ai inscrit ci-dessus. Évidemment c'est là le seul moyen que nous ayons de nous rendre compte de ces variations, car ces moyennes masquent les perturbations survenues. Mais, quand on sait comment ces observations sont faites, on ne peut attacher qu'une importance bien secondaire aux résultats obtenus. Les questions de personnes arrêtent depuis longtemps, dans notre beau pays, l'étude sérieuse de la Science pure.

Ces questions d'amour-propre personnel ont joué le rôle le plus déplorable dans le sujet qui nous occupe. Quel est le savant sérieux, quel est le simple ami des Sciences qui ne regretterait pas de voir ces intéressantes et importantes observations ainsi négligées dans des établissements payés par l'État pour les faire? Voyez la série de Paris depuis 1832 : c'est avec la plus grande peine que nous pouvons glaner quelques résultats partiels et fort insuffisants. Les chiffres de 1826 à 1831 ont été pris dans *l'Astronomie populaire* d'Arago, t. II, p. 181 ; il n'y avait qu'à continuer cette belle série, commencée en 1820, pour prendre la nature sur le fait. J'ai obtenu les nombres de 1860 à 1868 en calculant la différence entre les observations de $9^h$ et celles de midi (*Annales de l'Observatoire*); ces nombres ne sont donc valables que pour leur variation relative annuelle, car ils ne représentent pas toute l'amplitude de la variation diurne. Ceux de 1871 représentent aussi la différence entre $9^h$ et midi ; mais, la guerre de 1870 et le siége de Paris ayant interrompu toute étude scientifique, les observations n'ont été reprises qu'en avril. En juillet 1872, elles ont cessé, et les instruments ont été transportés à Montsouris. C'est là qu'elles sont faites depuis. On évitait le pied de fonte du grand télescope; mais on tombait dans le voisinage des chemins de fer de Sceaux et de Ceinture. Elles ont été reprises en octobre. Mauvaises conditions. Cette année ne vaut *rien*. L'année 1873 ne vaut guère mieux. A partir de 1874, elles sont faites avec plus de soin, à 6h et 9h du matin, 3h, 6h, 9h du soir et minuit, puis calculées d'heure en heure par une formule trigonométrique. J'ai donné ici le plus grand écart trouvé. Ce sont donc là des nombres absolus. Sans doute, les données directement fournies par des instruments enregistreurs seraient préférables. Ces instruments sont là; mais de nouvelles questions de personnalités en ont encore empêché l'usage jusqu'à ce jour!!! Ainsi, en définitive, toute cette analyse ne sert qu'à nous convaincre qu'il n'y a aucune conclusion à tirer de Paris. Les nombres de 1860 à 1868 sont comparables entre eux seulement; ceux de 1874 à 1878 commencent une nouvelle série. Elle ne concorde pas avec les autres pour montrer une diminution d'amplitude en 1877-78; comme il n'est pas probable que les allures du magnétisme terrestre changent de forme à Paris, on ne peut s'empêcher d'éprouver encore certains doutes sur la valeur intrinsèque réelle de cette dernière série elle-même. Espérons que la réorganisation qui vient d'être faite de l'administration astronomique, en France, va corriger toutes ces imperfections et nous conduire franchement dans la voie du progrès.

Je crois utile de donner ici le tableau que j'ai formé des moyennes mensuelles de l'amplitude diurne d'après les observations récentes de Paris et Montsouris.

*Amplitude de l'excursion diurne de l'aiguille de déclinaison, à Paris.*

| Années. | Janv. | Févr. | Mars. | Avril. | Mai. | Juin. | Juillet. | Août. | Sept. | Oct. | Nov. | Déc. | Moyenne annuelle. |
|---|---|---|---|---|---|---|---|---|---|---|---|---|---|
| 1871 (*a*) | ' » | ' » | ' » | 14',8 | 11',4 | 10',3 | 9',6 | 9',9 | 10',8 | ' » | ' » | 5',3 | (9',5) |
| 1872 (*b*) | 6,1 | 6,8 | 11,2 | 12,6 | 12,5 | 12,5 | » | » | » | 10,5 | 6,8 | 4,7 | (9,9) |
| 1873 (*c*) | 6,9 | 6,7 | 10,7 | 11,6 | 9,3 | 9,6 | 11,9 | 10,5 | 9,3 | » | » | » | (9,0) |
| 1874 (*d*) | » | 8,2 | 10,8 | 12,9 | 11,7 | 10,6 | 11,2 | 11,2 | 10,5 | 9,4 | 7,0 | 4,5 | 9,5 |
| 1875 (*e*) | 4,9 | 6,1 | 10,5 | » | 10,6 | 10,2 | 9,9 | 11,1 | 10,7 | 9,6 | 7,0 | 5,3 | 8,9 |
| 1876 (*f*) | 7,0 | 7,6 | 11,1 | 12,7 | 11,9 | 12,4 | 13,1 | 12,2 | 9,3 | 8,9 | 7,5 | 5,3 | 9,9 |
| 1877 (*g*) | 7,3 | 7,9 | 11,3 | 12,4 | 11,7 | 13,0 | 12,5 | 12,8 | 10,8 | 9,5 | 6,7 | 4,7 | 10,1 |
| 1878 (*h*) | 6,5 | 7,8 | 10,5 | 11,1 | 9,6 | 12,3 | 12,0 | 10,9 | 12,3 | 8,9 | 5,9 | 5,5 | 9,4 |
| Moy. . . | 6,5 | 7,4 | 10,9 | 12,4 | 11,1 | 11,4 | 11,6 | 11,3 | 10,6 | 9,4 | 6,9 | 5,0 | |

(*a*) Valeurs calculées sur les maxima et les minima de la variation trihoraire publiée dans l'*Annuaire météorologique de l'Observatoire de Paris*, 1872. Elles ne peuvent donc être considérées comme absolues, les plus grands écarts n'arrivant pas juste aux heures d'observations ($9^h$ et midi).

(*b*) Valeurs calculées d'après le *Bulletin météorologique mensuel de l'Observatoire de Paris* dans les mêmes conditions qu'en 1871.

(*c*) Valeurs calculées d'après les observations trihoraires de Montsouris, *Annuaire de Montsouris* pour 1874. Mêmes conditions.

(*d*) Valeurs tirées des maxima et minima *horaires* calculés sur les observations trihoraires de Montsouris, *Annuaire* de 1875. Série plus complète. En novembre et décembre le minimum s'est présenté à $11^h$ du soir.

(*e*) Valeurs tirées des maxima et minima horaires calculés sur les observations trihoraires de Montsouris, *Annuaire* de 1876. En janvier, février, novembre et décembre, le minimum s'est présenté le soir vers $11^h$.

(*f*) Valeurs tirées des maxima et minima horaires calculés sur les observations trihoraires de Montsouris, *Annuaire* de 1877. En janvier, février et mars, le minimum du soir a été presque égal à celui du matin. En décembre il l'a dépassé.

(*g*) Valeurs tirées des maxima et minima horaires calculés sur les observations trihoraires et publiés mensuellement dans les *Comptes rendus de l'Académie des Sciences*. En janvier et décembre le minimum s'est montré à $11^h$ du soir. L'*Annuaire de Montsouris* a cessé de les publier.

(*h*) Valeurs conclues des mêmes éléments publiés dans les *Comptes rendus*. En décembre un minimum plus fort que celui du matin s'est montré à $10^h$ du soir.

Les chiffres sont indiqués avec leur provenance un peu hétérogène au point de vue de l'unité qui devrait présider à ces études ([1]).

Nous publions en regard (p. 113) les observations analogues faites à l'Observatoire de la Marine, à Toulon, par M. Pagel, de 1867 à 1875. Ces variations diurnes ont été relevées heure par heure sur la boussole de Gambey. Malheureusement elles ont dû être suspendues à cause de la construction d'une coupole en fer au sommet de l'Observatoire et de diverses circonstances qui les eussent rendues désormais douteuses. Cette brève série paraît remarquable et doit être fort précise, si l'on en juge par les délicates variations, concordantes avec toutes les autres (Paris excepté) qu'elle met en évidence : maximum en 1870.

Il n'en reste pas moins démontré que, dans les observatoires où le magnétisme terrestre a été régulièrement observé, on possède des séries assez longues déjà pour constater que la variation annuelle de l'oscillation diurne est très-forte, du simple au double, et que les années de maxima correspondent sensiblement aux années maxima des taches solaires, les minima offrant aussi une correspondance analogue.

([1]) *Voir* la Note que j'ai adressée à cet égard à l'Académie des Sciences (*Comptes rendus* du 31 mars 1879, p. 704).

*Amplitude de l'excursion diurne de l'aiguille de déclinaison, à Toulon.*

| Années. | Janv. | Févr. | Mars. | Avril. | Mai. | Juin. | Juill. | Août. | Sept. | Oct. | Nov. | Déc. | Moyenne de l'année. |
|---|---|---|---|---|---|---|---|---|---|---|---|---|---|
| 1867.. | 4'.52" | 6'.07" | 8'.21" | 9'.43" | 9'.05" | 9'.45" | 9'.37" | 8'.47" | 8'.08" | 6'.08" | 3'.49" | 2'.23" | 7'.10" |
| 1868.. | 3.38 | 5.03 | 8.27 | 12.43 | 10.15 | 10.03 | 10.37 | 11.05 | 9.46 | 7.03 | 5.01 | 3.56 | 8.12 |
| 1869.. | 4.17 | 6.39 | 9.51 | 14.07 | 13.34 | 14.28 | 14.08 | 12.44 | 11.55 | 9.22 | 6.34 | 5.19 | 10.16 |
| 1870.. | 6.14 | 9.23 | 13.54 | 15.18 | 16.09 | 15.02 | 15.43 | 14.29 | 14.19 | 12.49 | 10.20 | 6.01 | 12.28 |
| 1871.. | 7.07 | 10.03 | 13.51 | 15.49 | 14.29 | 16.08 | 14.05 | 14.41 | 12.33 | 11.31 | 7.47 | 5.17 | 11.57 |
| 1872.. | 7.55 | 8.14 | 11.19 | 13.24 | 12.24 | 13.32 | 13.04 | 13.00 | 12.21 | 10.04 | 6.53 | 4.10 | 10.32 |
| 1873.. | 6.07 | 6.48 | 10.42 | 13.17 | 10.04 | 10.07 | 10.42 | 10.04 | 9.23 | 7.01 | 4.54 | 3.41 | 8.34 |
| 1874.. | 5.15 | 6.56 | 9.01 | 10.50 | 9.46 | 9.30 | 9.52 | 8.29 | 8.50 | 7.21 | 5.03 | 2.31 | 7 47 |

La correspondance paraît même si intime, que M. Wolf, de Zurich, a pu construire une formule pour calculer d'avance la variation magnétique d'après le nombre des taches solaires, et réciproquement. Voici cette formule :

$$V = a + bR,$$

où V représente la variation magnétique moyenne de l'année, R le nombre relatif des taches solaires, $a$ et $b$ deux constantes à déduire des deux séries par la méthode des moindres carrés.

Pour l'Europe centrale et même pour l'Amérique, on a de très-près

$$b = 0',045\,;$$

mais la valeur de $a$ change de station à station. Elle est, par exemple, pour

| | | | |
|---|---|---|---|
| Prague....... | 5,80 | Rome......... | 6,08 |
| Munich...... | 6,27 | Christiania.... | 4,62 |
| Berlin....... | 6,64 | Pétersbourg... | 5,89 |
| Utrecht...... | 5,28 | Toronto....... | 7,22 |
| Londres...... | 6,96 | Batavia....... | 2,50 |
| Paris........ | 9,38 | Hobartown.... | 6,17, etc. |

Les variations déterminées par ces formules ne diffèrent des variations observées que d'une fraction de minute.

L'auteur donne notamment pour Prague

$$V = 5',80 + 0',045\,R$$

et pour Munich

$$V = 6',27 + 0',051\,R$$

Le nombre R est un nombre relatif calculé par l'astronome de Zurich sur la variation moyenne des taches. En désignant par $g$ le nombre de groupes de taches vus un jour quelconque sur le Soleil, une tache isolée comptant pour un groupe, par $f$ le nombre des taches contenues dans tous les groupes et estimé approximativement proportionnel à la surface tachetée, par K un coefficient dépendant de l'observateur et de son instrument, et déduit d'observations correspondantes (en supposant ce coefficient égal à l'unité pour l'auteur et pour le grossissement 64 d'une lunette de Fraunhofer de 4 pieds), on pose

$$R = K(f + 10g).$$

La moyenne de tous les nombres relatifs appartenant au même mois ou à la même année donne le nombre relatif du mois ou de l'année, et la courbe dont les ordonnées sont proportionnelles à ces nombres relatifs et dont les abscisses sont proportionnelles au nombre des mois ou des années écoulées est la *courbe des taches* représentant la marche du phénomène. Par cette méthode, M. Wolff a calculé les nombres du tableau suivant, qu'il appelle *nombres compensés* (1) :

(1) *Memoirs of the Royal Astronomical Society*, t. XLIII, 1875-1877.

*Nombres relatifs proportionnels de la surface solaire tachée.*

| | | | | | |
|---|---|---|---|---|---|
| 1750. | 83,1 | 1780. | 89,2 | 1810. | 0,0 |
| 1751. | 52,1 | 1781. | 66,5 | 1811. | 1,6 |
| 1752. | 45,9 | 1782. | 38,7 | 1812. | 4,9 |
| 1753. | 28,9 | 1783. | 22,5 | 1813. | 12,6 |
| 1754. | 13,5 | 1784. | 10,3 | 1814. | 16,2 |
| 1755. | 9,3 | 1785. | 26,7 | 1815. | 35,2 |
| 1756. | 12,2 | 1786. | 81,2 | 1816. | 46,9 |
| 1757. | 31,9 | 1787. | 128,2 | 1817. | 39,9 |
| 1758. | 47,1 | 1788. | 133,3 | 1818. | 29,7 |
| 1759. | 54,6 | 1789. | 116,9 | 1819. | 23,5 |
| 1760. | 64,7 | 1790. | 90,6 | 1820. | 16,2 |
| 1761. | 80,2 | 1791. | 67,6 | 1821. | 6,1 |
| 1762. | 60,0 | 1792. | 59,9 | 1822. | 3,9 |
| 1763. | 48,4 | 1793. | 47,3 | 1823. | 2,6 |
| 1764. | 36,7 | 1794. | 38,0 | 1824. | 8,1 |
| 1765. | 21,4 | 1795. | 23,8 | 1825. | 16,2 |
| 1766. | 14,1 | 1796. | 15,6 | 1826. | 35,0 |
| 1767. | 35,9 | 1797. | 6,5 | 1827. | 51,2 |
| 1768. | 66,8 | 1798. | 4,6 | 1828. | 62,1 |
| 1769. | 103,4 | 1799. | 7,1 | 1829. | 67,2 |
| 1770. | 98,5 | 1800. | 15,6 | 1830. | 67,0 |
| 1771. | 86,6 | 1801. | 33,9 | 1831. | 50,4 |
| 1772. | 65,7 | 1802. | 54,7 | 1832. | 26,3 |
| 1773. | 39,7 | 1803. | 70,7 | 1833. | 9,4 |
| 1774. | 27,4 | 1804. | 71,4 | 1834. | 13,3 |
| 1775. | 8,8 | 1805. | 48,0 | 1835. | 59,0 |
| 1776. | 25,7 | 1806. | 28,4 | 1836. | 119,3 |
| 1777. | 92,0 | 1807. | 11,1 | 1837. | 136,9 |
| 1778. | 151,7 | 1808. | 7,2 | 1838. | 104,1 |
| 1779. | 123,4 | 1809. | 3,1 | 1839. | 83,4 |

| | | | | | |
|---|---|---|---|---|---|
| 1840. | 61,8 | 1853. | 38,5 | 1866. | 14,7 |
| 1841. | 38,5 | 1854. | 21,0 | 1867. | 8,8 |
| 1842. | 23,0 | 1855. | 7,7 | 1868. | 36,8 |
| 1843. | 13,1 | 1856. | 5,1 | 1869. | 78,6 |
| 1844. | 19,3 | 1857. | 22,9 | 1870. | 131,8 |
| 1845. | 38,3 | 1858. | 56,2 | 1871. | 113,8 |
| 1846. | 59,6 | 1859. | 97,3 | 1872. | 99,7 |
| 1847. | 97,4 | 1860. | 94,8 | 1873. | 67,7 |
| 1848. | 124,9 | 1861. | 77,7 | 1874. | 43,1 |
| 1849. | 95,4 | 1862. | 61,0 | 1875. | 18,9 |
| 1850. | 69,8 | 1863. | 45,4 | 1876. | 11,7 |
| 1851. | 63,2 | 1864. | 45,2 | 1877. | 11,1 |
| 1852. | 52,7 | 1865. | 31,4 | 1878. | |

Si l'on trace d'après ces nombres la courbe de la variation annuelle des taches solaires, et si l'on trace, comme comparaison, au-dessous de cette courbe, celle de la variation de la déclinaison magnétique, on obtient la *fig.* 21 (planche) qui montre à première vue la correspondance des deux éléments. (Pour les années antérieures à 1840, on a tracé en pointillé la courbe de Prague calculée par la formule de la p. 114.) « Cette concordance, fait remarquer M. Wolf, est d'autant plus importante, qu'elle concerne entre autres les époques critiques de 1784-85, 1787-88 et 1829-30, où la courbe solaire s'écarte le plus de la courbe moyenne, de sorte qu'elle prouve que *les variations magnétiques subissent les mêmes perturbations que le développement des taches solaires*. Si l'on remarque d'autre part que la courbe magnétique de Prague, observée depuis 1840, suit la courbe solaire non-seulement en général, mais dans les plus petits détails, on est autorisé à déclarer que *l'on trouve dans les changements de la fréquence des taches solaires et de la variation magnétique deux phénomènes dépendant ou l'un de l'autre ou plutôt de la même cause cosmique,* et que chercher les autres effets de cette cause inconnue, et trouver ainsi peut-être plus tard la cause elle-même, n'est pas un rêve d'une tête légère, mais bien un devoir scientifique. »

Le P. Secchi affirme la même conclusion. Il en est de même de MM. Tacchini et Schiaparelli. M. Faye l'a combattue par les arguments suivants [1] :

« Quand on ignore la cause d'un phénomène météorologique et que rien ne nous suggère à son sujet la moindre hypothèse, il y a une dernière ressource : c'est de rechercher partout si d'autres phénomènes ne présenteraient pas la même période ; dans ce cas, il doit y avoir entre eux communauté d'origine ou même relation de cause à effet, et cette découverte ne saurait manquer d'être féconde. Ainsi, bien avant la découverte de l'attraction, on savait que les marées sont causées par la Lune, et même, comme leur période est égale non pas au jour lunaire, mais à sa moitié, on aurait pu en conclure, sans plus ample informé, que, si la Lune attire et soulève les eaux de l'Océan, elle attire et déplace aussi le globe terrestre ; que, par suite, la Terre n'est pas fixée au centre de l'orbite lunaire, mais qu'elle est libre dans l'espace et cède tout entière, à tout moment, à l'action de son satellite. Malheureusement, les astronomes grecs n'avaient pas les marées sous les yeux.

[1] *Comptes rendus* du 30 juillet 1877.

» C'est par ce procédé qu'on a cru reconnaître, dans ces derniers temps, que beaucoup de nos phénomènes doivent être attribués à des influences célestes ou cosmiques. Rien de plus dissemblable, de prime abord, que les variations diurnes de l'aiguille aimantée et les taches du Soleil; et pourtant on les a rattachées les unes aux autres, parce qu'on a cru y reconnaître une même période. M. Wolf a recueilli toutes les observations des taches depuis l'époque de leur découverte et s'est efforcé d'en reconstituer l'histoire; puis, faisant le même travail sur la variation diurne de la déclinaison depuis Cassini, il est parvenu à identifier les deux périodes auxquelles il assigne une valeur commune de 11^ans^,11.

» Bien plus, des savants anglais, en discutant une longue série d'observations solaires instituées par Carrington et poursuivies photographiquement à l'Observatoire de Kew, ont montré qu'il existait de singulières coïncidences entre ces mêmes taches et les aspects des principales planètes, de telle sorte que ces taches seraient produites par Jupiter, la Terre, Vénus et Mercure.

» On a trouvé par le même procédé que la rotation du Soleil influe sur la force magnétique de notre globe, sur la pression barométrique et même sur la quantité de pluie en un lieu quelconque. Enfin les taches du Soleil provoqueraient chez nous les cyclones, les bourrasques, les aurores boréales.

» Toutefois, il faut noter ici que ces influences cosmiques sont restées mystérieuses; elles ne nous ont jamais rien appris sur les phénomènes eux-mêmes. En présence de ces étranges associations d'idées, toujours stériles malgré leur multiplication, on doit se demander si les actions cosmiques sont bien réelles. Pour répondre à cette question, je me servirai du critérium suivant : il n'y a de dépendance à établir *a posteriori* entre deux ordres de phénomènes dont la liaison nous échappe que si leurs périodes, calculées à des époques successives, convergent vers une égalité rigoureuse. Une simple ressemblance de période ne suffit pas, à moins qu'il n'y ait *a priori* une raison de concevoir la possibilité d'un lien quelconque entre ces phénomènes. Cette condition, superflue dans le premier cas, est essentielle dans le deuxième.

» Appliquons cette règle aux influences cosmiques que je viens d'énumérer, en commençant par celle que les taches doivent exercer sur la variation diurne de la déclinaison. M. Wolf porte la période des taches à 11$^{ans}$,11. Celle des variations diurnes, telles du moins que son auteur, M. Lamont, l'a fixée lui-même, est de 10$^{ans}$,43. M. Broun, qui vient de la déterminer de nouveau sur l'ensemble des observations, depuis Cassini jusqu'à nos jours, trouve 10$^{ans}$,45. L'accord qui avait frappé M. Gautier, le général Sabine et M. Wolf lui-même ne se soutient donc pas, malgré la latitude que laisse au calculateur l'incertitude des données relatives aux taches. Si l'on persistait néanmoins à profiter de cette incertitude même pour dire que la simple ressemblance des périodes est un indice suffisant de la connexité des phénomènes, il faudrait au moins satisfaire à la deuxième condition de notre critérium, c'est-à-dire montrer qu'il y a *a priori* possibilité d'une liaison quelconque entre les taches et le magnétisme terrestre. Or, nous savons aujourd'hui qu'une tache n'est qu'un accident mécanique qui se produit dans les courants de la photosphère, comme les simples tourbillons dans nos cours d'eau. Comment ces tourbillons solaires pourraient-ils agir sur la boussole, à 37 millions de lieues de distance? Serait-ce en diminuant la chaleur du Soleil? Mais M. Langley vient de démontrer que cette influence-là ne va pas à 0°,3 sur nos températures. Serait-ce en modifiant l'état électrique du Soleil? Mais il faudrait que cette électricité hypothétique fût capable d'expliquer le magnétisme terrestre, ce qui n'est pas.

» Voyons l'influence de la rotation du Soleil sur la force magnétique horizontale. En discutant une série de mesures effectuées en 1844 et 1845, M. Broun a trouvé que cette force baisse brusquement à diverses époques, entre autres tous les 26 jours, au moment où un certain méridien solaire est dirigé vers nous; mais ce qui ôte à ces remarques beaucoup de leur valeur, c'est que ces variations brusques se présentent à tout instant, je veux dire en dehors de toute période régulière; en outre, à la fin de 1844, un autre méridien solaire, tout différent du premier, se montra tout aussi efficace. D'ailleurs, il est bien difficile de définir nettement la position d'un méridien du Soleil à une date quelconque, attendu que, sur cet astre, la vitesse de rotation change d'une zone à l'autre. C'est arbitrairement qu'on choisit la rotation équatoriale au lieu de celle de tout autre parallèle; c'est tout aussi arbitrairement qu'on choisit entre les valeurs assignées à la première, par différents auteurs, celle qui répond le mieux à l'hypothèse. On en peut dire tout autant des rapports qu'on a cherché à établir entre cette rotation et les variations mensuelles des pluies ou du baromètre. D'une part, l'égalité absolue des périodes n'est pas même à présumer; d'autre part, on ne saurait dire comment et pourquoi les différentes faces que le Soleil présente successivement à la Terre y causeraient de la pluie ou de la sécheresse, une hausse ou une baisse du baromètre, une augmentation ou une brusque diminution de la force magnétique horizontale. »

Ce jugement de l'éminent astronome français suggère quelques réflexions. Les chiffres donnés pour les périodes ne sont pas assez sûrs, ni pour les taches, ni pour la variation magnétique, pour qu'on puisse nier absolument la relation générale qui paraît s'établir entre eux. Il faut quelquefois savoir attendre. Quant à l'explication, elle ne doit en rien nous préoccuper, car lors même que nous ne parviendrions en aucune façon à expliquer pourquoi et comment le Soleil agirait sur le magnétisme terrestre, nous n'en serions pas moins obligés d'admettre cette influence, si elle était prouvée par les observations. M. Faye pense que si les astronomes grecs avaient eu les marées sous les yeux, ils auraient pu en conclure l'isolement de la Terre dans l'espace et son mouvement sous l'influence de la Lune. Ce n'est pas probable; car il y eût eu là une hardiesse bien plus téméraire que celle qui consiste à conclure aujourd'hui à la pluralité des mondes, dans l'état actuel de la science et de la philosophie modernes, hardiesse dont le savant académicien n'ose pas encore se charger lui-même à l'heure présente. La science élève lentement son édifice, et dans la question spéciale qui nous occupe, il est peut-être préférable de placer les pierres l'une à côté de l'autre que de les rejeter dans la carrière.

Nous avons reproduit ici la courbe tracée par M. Wolf lui-même sur ses nombres relatifs. On ne peut s'empêcher d'y remarquer la coïncidence la plus frappante entre la variation des taches et celle du magnétisme. Il y a toutefois certaines différences que je ne m'explique pas entre cette courbe et la table des nombres relatifs avec laquelle elle devrait concorder (*Memoirs of the R. A. Society*, XLIII). En voulant analyser ce diagramme, il peut d'abord sembler que les lignes horizontales sont tracées de 15 en 15 (l'auteur n'a pas pris le soin de l'indiquer). On trouve en effet que le minimum de 1810 est *zéro* juste (0,0), celui de 1823 est 2,6, celui de 1833 est 9,4, celui de 1843 est 13, celui de 1855 est 7,7 et celui de 1867, 8,8, quantités qui s'accordent avec les positions de ces six courbes entre 0 et 15. Dans ce cas, la 14^e^ ligne au-dessus serait celle de 210. Mais le maximum de 1870 n'est que de 132, ce qui démontre l'erreur de l'hypothèse. Les lignes sont-elles tracées de 10 en 10? C'est l'hypothèse la plus probable (et c'est la réelle : M. Wolf vient de me la confirmer par lettre); mais il y a encore bien des détails qui ne s'accordent pas; ainsi le minimum 13 de 1843 devrait être au-dessus de la ligne et non au-dessous, le maximum 132 de 1870 devrait être au cinquième de la distance entre les lignes 130 et 140, et non s'élever presque jusqu'à 140. Mais ce ne sont pas ces différences qui me frappent le plus : ce sont celles des grandes courbes elles-mêmes. D'après les chiffres mêmes de l'auteur, les maxima annuels ont été, dans l'ordre décroissant :

| | |
|---|---|
| 1778 | 151,7 |
| 1837 | 136,9 |
| 1788 | 133,3 |
| 1870 | 131,8 |
| 1848 | 124,9 |
| 1769 | 103,4 |
| 1860 | 94,8 |

Et d'après son *diagramme* on a pour les années maxima, également dans l'ordre décroissant :

| | |
|---|---|
| 1870 | vers 138 |
| 1837 | 111 |
| 1788 | 111 |
| 1769 | 109 |
| 1848 | 103 |
| 1860 | 97 |
| 1778 | 97 |

Quelle est la cause de cette divergence? Il faut croire que les *nombres relatifs compensés* que M. Wolf propose comme ceux qui donnent « la plus grande sûreté dans les comparaisons » ne sont pas ceux qui lui ont servi à construire la courbe. On ne s'explique pas, néanmoins, que les nombres indiquent, par exemple, moins de taches en 1870 qu'en 1837, et la courbe beaucoup plus. Il y a, il est vrai, à tenir compte d'une part du nombre des taches comptées, d'autre part de l'étendue de la surface tachée. Il ne faut donc pas être trop difficile ni trop exigeant. Mais aussi il ne faut pas, d'autre part, être trop affirmatif pour les détails. Nous ne publions donc cette courbe que pour l'allure générale, qui est très-remarquable. Nos lecteurs l'apprécieront en connaissance de cause.

M. Wolf a répondu à M. Faye dans les termes suivants :

« Je crois avec M. Faye que, pour qu'on puisse admettre que deux phénomènes soumis à la même période moyenne sont produits par la même cause, il faut que les anomalies de l'un de ces phénomènes se reproduisent dans l'autre. Or, c'est justement ce qu'on observe pour les taches solaires et les variations magnétiques, comme cela résulte d'un simple coup d'œil jeté sur le diagramme.

» La période commune de 11 $\frac{1}{9}$ ans, que j'ai signalée pour ces deux phénomènes en 1852, n'a été nullement modifiée par mes études poursuivies pendant plus d'un quart de siècle. Au contraire, la période donnée d'abord par M. Lamont, et reproduite dernièrement par M. Broun, ne repose que sur l'intercalation arbitraire d'un maximum entre 1788 et 1804, que personne n'a observé ; elle me paraît donc devoir être rejetée. J'ajoute, avec pleine conviction, que le parallélisme entre la fréquence des taches solaires et la variation de la déclinaison magnétique se joint dès à présent aux faits scientifiques les plus sûrs. »

M. Allan Broun a également répondu à M. Faye dans les termes suivants :

« Voici les faits, dit-il. En représentant par des courbes les moyennes journalières de la force horizontale magnétique pour les années 1844 et 1845, à Makerstown en Écosse, à Trevandrum et Singapore aux Indes, à Hobartown, île de Van Diemen, et à d'autres stations encore, j'ai vu des séries d'ondulations parfaitement synchroniques, ayant des amplitudes différentes pour les ondulations successives à une même station, mais à peu près égales pour la même ondulation à toutes ces stations différentes. Une chose remarquable, c'est qu'il y avait des intervalles où trois ou quatre ondulations étaient mal définies ou disparaissaient. Si toutes avaient été également visibles, on n'aurait eu, pour déterminer la longueur moyenne, qu'à diviser le temps total par le nombre d'oscillations. Dans le cas actuel, j'ai procédé comme on ferait pour déterminer le temps de la rotation d'une planète par le passage d'un point fixe sur sa surface, quand quelques passages n'ont pas été vus et que le temps de la rotation est connu approximativement par plusieurs passages successifs. J'ai trouvé, de cette manière, en 1857, que la durée moyenne était 25j,96.

» Cette période, de près de 26 jours, a été déduite des observations faites à quatre stations différentes, d'une manière qui ne peut pas être appelée arbitraire. De plus, c'était une période que l'on ne pouvait alors lier avec un autre phénomène quelconque, la durée de la rotation du Soleil, d'après les meilleures observations, étant évaluée à 27 $\frac{1}{4}$ jours. Cependant, je ne voyais pas d'autre cause que le Soleil qui pût produire ces variations, et j'ai suggéré que la différence entre la période donnée par les observations astronomiques pour la rotation du Soleil et la période donnée par les observations magnétiques pouvait être due à un mouvement des pôles magnétiques du Soleil. J'ajoutais : « Si les pôles magnétiques du Soleil ne » changent pas de place, il serait alors possible de » déterminer avec précision le temps de la rotation du » Soleil par les mouvements de nos aimants. »

» On voit qu'il y a loin de là à ce choix arbitraire, fait pour satisfaire à une hypothèse, dont parle M. Faye; les valeurs de la rotation des taches équatoriales des différents auteurs n'étant pas alors connues, j'avais essayé cependant si des valeurs comprises entre 27 jours et 27 $\frac{1}{2}$ jours ne donneraient pas des courbes moyennes avec de plus grandes amplitudes, mais cela sans succès.

» En 1871, quand M. Hornstein, sans connaître mes conclusions, a étudié ses observations faites à Prague l'année précédente, les périodes de la rotation des taches équatoriales étaient connues. Cependant il n'a pas cherché quel résultat ces observations donneraient pour ces périodes; mais il a cherché la durée de l'oscillation moyenne de la plus grande amplitude et a trouvé également, d'après les observations d'une seule année, 26 $\frac{1}{3}$ jours.

» En juin 1872, j'ai appliqué un tout autre procédé aux observations magnétiques faites à Greenwich. Si l'on peut représenter approximativement l'oscillation moyenne qui se produit dans une période vraie de $n$ jours par l'expression

$$y = a \sin(\theta + c), \quad \text{ou} \quad \theta = m \frac{2\pi}{n},$$

et si, ne sachant pas exactement la vraie durée, on fait les calculs pour l'oscillation moyenne, d'après $q$ périodes successives, supposées occupant $(n+p)$ jours chacun, l'équation sera

$$y = a' \sin(\theta' + c'), \quad \text{ou} \quad \theta = m \frac{2\pi}{n+p}.$$

» De la même manière, on trouvera, en considérant $r$ périodes successives à la suite des premières,

$$y = a'' \sin(\theta' + c'').$$

Dans ce cas, j'ai démontré que l'erreur de la durée employée est très-approximativement

$$\delta = \frac{2(c'' - c')}{q + r}.$$

D'après les observations de Makerstown en 1844 et 1845, la moyenne qui résulte de cette méthode, avec les trois hypothèses de 25 $\frac{2}{3}$, 26 et 26 $\frac{1}{3}$ jours, est de 25j,92.

» La question reste toujours de savoir si la période de près de 26 jours, qui a été trouvée d'après les observations faites en différentes parties du globe par deux auteurs, dont l'un ne connaissait pas les conclusions de l'autre, est due à la rotation du Soleil.

» Suivant M. Faye :

« D'une part, l'égalité absolue des périodes n'est » pas même à présumer; d'autre part, on ne sau» rait dire comment ni pourquoi les différentes faces » que le Soleil présente successivement à la Terre » y causeraient une augmentation ou une brusque

» diminution de la force magnétique horizontale. »

» Je ferai remarquer que c'est au Soleil que s'appliquent mes conclusions, et non aux taches. M. Faye a proposé lui-même une hypothèse pour expliquer le retard des taches, de l'équateur vers les pôles, en admettant une couche sphéroïdale aplatie aux pôles, au-dessous de la photosphère; lorsqu'on arrive à cette couche, tous les cercles de latitude effectuent leur rotation dans le même temps. C'est le corps, solide, liquide ou gazeux, que cette couche enveloppe qui doit avoir une durée de rotation plus petite que celle des taches équatoriales, ou de près de 26 jours.

» Dès lors, ne sera-t-il pas possible, quand la durée de rotation de ce corps sera très-exactement déterminée par nos aimants, de calculer approximativement la profondeur de cette couche en tous les points?

» Je ne suis pas certain de comprendre parfaitement la seconde partie de l'objection de M. Faye. C'est un fait d'expérience, qu'il existe une variation magnétique avec une période de 26 jours. Il ne me paraît pas douteux que la cause de cette variation doive être cherchée dans le Soleil. On doit accorder au moins que la durée de cette période est voisine de celle de la rotation du Soleil lui-même; donc l'accroissement de la force magnétique de la Terre se produit à l'époque où l'un des côtés du Soleil est tourné vers nous; la diminution, à l'époque où l'autre côté se présente. Nos aimants montrent qu'un côté de notre Terre n'a pas la même force magnétique que l'autre; mais nous ne savons, pas plus dans ce cas que dans l'autre, comment ni pourquoi.

» J'arrive à la dernière objection de M. Faye.

« M. Broun, dit-il, a trouvé que cette force baisse » brusquement à diverses époques, entre autres tous » les 26 jours, au moment où un certain méridien so- » laire est dirigé vers nous; mais ce qui ôte à ces re- » marques beaucoup de leur valeur, c'est que ces va- » riations brusques se présentent à tout instant, je » veux dire en dehors de toute période régulière; en » outre, à la fin de 1844, un autre méridien solaire, tout » différent du premier, se montre tout aussi efficace. »

» Cette phrase ne donne pas une idée très-exacte des faits. Si j'ai trouvé que la force diminue brusquement à diverses époques et *entre autres seulement* tous les 26 jours, c'est que je ne considère pas *un seul méridien* comme efficace. Loin de là, j'ai donné une liste des méridiens pour lesquels il s'est produit une diminution d'un millième de la force, ou plus. D'après cette liste, on trouve que, sur vingt-huit perturbations au delà des limites, dans les deux années, quatorze se sont produites au voisinage du huitième méridien (le méridien qui était vis-à-vis de la Terre le 1er janvier 1844 étant pris pour zéro, et le Soleil étant divisé en vingt-six méridiens). Les quatorze autres forment deux groupes autour du treizième et du vingt-troisième méridien.

» J'ai remarqué surtout que, sur les neuf perturbations magnétiques au delà des limites qui se sont produites en 105 jours, du 29 août au 11 décembre 1845, il y en a eu cinq qui ont commencé *exactement* au huitième méridien, séparées les unes des autres par un intervalle de 25 jours (¹). »

(¹) Si l'on suppose 105 boules dans une urne, dont

M. Faye a répondu à son tour à ses adversaires par le Mémoire suivant (Le lecteur trouvera sans doute avec moi que l'élucidation du sujet mérite de comparer impartialement et de discuter soigneusement tous les éléments de la question, malgré la longueur inévitable de la discussion) :

« On est généralement convaincu que les taches agissent sur les variations de l'aiguille aimantée, parce qu'on leur suppose la même période. Ayant eu l'occasion d'examiner cette hypothèse, j'ai fait remarquer que la période des taches est de 11ª,11 d'après M. Wolf, de Zurich ; que celle des variations en déclinaison de l'aiguille aimantée est de 10ª,45 d'après MM. Lamont, Loomis et Broun ; que, par suite, les deux phénomènes sont indépendants l'un de l'autre.

» Comme cette hypothèse tient à cœur à beaucoup de personnes, M. Piazzi Smyth a invité ces savants à s'expliquer à ce sujet ([1]). M. Broun et M. Wolf ont répondu en affirmant de nouveau l'exacte et constante concordance des deux phénomènes, mais en maintenant chacun sa période ; la question de l'Astronome royal d'Écosse est donc restée sans réponse.

9 noires et toutes les autres blanches, on peut calculer la probabilité qu'en les retirant une à une un événement semblable arrive par hasard. On trouvera ainsi une probabilité tellement petite, que, dans le cas actuel, il n'est pas douteux que cette distribution des grandes perturbations ne doive être attribuée à une cause. J'ajouterai d'ailleurs, en outre, que cette répétition au bout de 26 jours, ou de multiples de 26 jours, se retrouve dans les observations magnétiques depuis 1836.

([1]) Journal anglais *Nature*, vol. XVII, p. 220.

» Pour y répondre, il faut déterminer séparément chaque période *en dehors de toute idée préconçue*. Comme les influences de cet ordre se glissent aisément dans la discussion des observations douteuses, incomplètes, susceptibles d'être arrangées de diverses manières, j'ai pensé qu'il ne fallait employer ici que des observations certaines, complètes, qui s'imposent telles qu'elles sont. Pour l'aiguille aimantée, je prends la série moderne depuis Arago. Antérieurement, les seules observations instituées par Cassini à l'Observatoire, malheureusement interrompues en 1792, méritent une entière confiance, grâce à l'excellence de l'instrument construit sur les indications de Coulomb. Il y a là un intervalle de 90 ans qui est bien suffisant.

» De même, pour les taches, je n'emploie que les observations instituées expressément en vue de la loi de leur variation, par suite en pleine connaissance du but à atteindre et des soins qu'exige une telle recherche. Par cette double limitation, j'évite le reproche adressé à M. Wolf d'avoir basé certaines époques de maximum des taches sur des observations trop peu nombreuses faites par des astronomes qui ne s'occupaient guère que des belles taches ; j'évite aussi l'inconvénient de ces observations magnétiques postérieures à Cassini, dans lesquelles M. Wolf compte deux périodes là où M. Broun en compte trois. Voici ces documents certains (¹) :

(¹) Broun, *On the decennial period*, dans les *Trans. of the R. S. of Edinburgh*, vol. XXVII.

*Époques certaines des maxima et des minima des taches solaires et des variations magnétiques.*

| Taches solaires. | | | Variations magnétiques. | | |
|---|---|---|---|---|---|
| | » | | Max. | 1787,2 | Cassini. |
| | » | | | Lacune. | |
| | » | | min. | 1824,2 | Arago. |
| | » | | M. | 1829,7 | |
| min. | 1833,9 | Schwabe. | m. | 1833,8 | |
| Max. | 1837,2 | | M. | 1837,7 | |
| m. | 1843,5 | | m. | 1844,5 | |
| M. | 1848,1 | | M. | 1848,7 | |
| m. | 1856,0 | | m. | 1856,4 | |
| M. | 1860,1 | | M. | 1859,8 | |
| m. | 1867.2 | | m. | 1866,7 | |
| M. | 1870,6 | | M. | 1870,8 | |
| m. | 1878,0 | | m. | 1877,5 | |

» Commençons par les taches. Soient $x$ la petite correction de l'époque 1833,9, $y$ la période et $z$ l'intervalle supposé constant d'un minimum au maximum suivant; on aura les équations de condition suivantes :

$$\overset{\text{a}}{0{,}0} = x,\qquad \overset{\text{a}}{26{,}2} = x + 2y + z,$$
$$3{,}3 = x + z,\qquad 33{,}3 = x + 3y,$$
$$9{,}6 = x + y,\qquad 36{,}7 = x + 3y + z,$$
$$14{,}2 = x + 2y + z,\qquad 44{,}1 = x + 4y,$$
$$22{,}1 = x + 2y,$$

et pour équations finales

$$189{,}5 = 9x + 16y + 4z,$$
$$506{,}8 = 16x + 144y + 6z,$$
$$80{,}4 = 4x + 6y + 4z.$$

Les valeurs des inconnues sont

$$x = -0^{a},58, \quad y = 11^{a},20 \pm 0^{a},10, \quad z = 3^{a},88.$$

» C'est à peu près la période de M. Wolf. Pour essayer la période de la boussole que M. Broun veut imposer aux taches du Soleil, nous ferons $y = 10,45$ dans la première et la seconde équation, d'où

$$x = +0^{a},9, \quad y = 10^{a},45, \quad z = 3^{a},52.$$

» Voici la comparaison des observations avec ces deux systèmes :

| Observation. | Calcul ($y = 11^{a},20$). | Calcul ($y = 10,45$). | C — O $y = 11^{a},20$. | C — O $y = 10,45$. |
|---|---|---|---|---|
| m. 1833,9 | 1833,3 | 1834,8 | — 0,6 | + 0,9 |
| M. 1837,2 | 1837,2 | 1837,6 | 0 | + 1,1 |
| m. 1843,5 | 1844,5 | 1845,3 | + 1,0 | + 0,8 |
| M. 1848,1 | 1848,4 | 1848,8 | + 0,3 | + 0,4 |
| m. 1856,0 | 1855,7 | 1855,7 | — 0,3 | 0 |
| M. 1860,1 | 1859,6 | 1859,2 | — 0,5 | — 0,9 |
| m. 1867,2 | 1866,9 | 1866,2 | — 0,3 | — 0,7 |
| M. 1870,6 | 1870,8 | 1869,7 | + 0,2 | — 0,9 |
| m. 1878,6 | 1878,1 | 1876,6 | + 0,1 | — 1,4 |

» Ainsi la période magnétique déterminée par M. Broun ne satisfait pas aux observations. Tout au contraire, celles-ci nous donnent presque exactement la période de $11^{a},11$ que M. Wolf a déduite de l'ensemble des documents relatifs aux taches depuis leur découverte, c'est-à-dire deux siècles et demi.

» Il nous sera aisé maintenant d'apprécier les travaux de M. Wolf et la portée des critiques de M. Broun. Pour cela, je remarque que ces critiques sont toutes basées sur l'emploi d'un maximum des taches que M. Wolf aurait trouvé vers 1788, tout près du maximum magnétique de Cassini en 1787,2. Les documents de cette époque sont peu nombreux.

« C'est juste à cette époque, où nous aurions le plus » besoin de séries complètes d'observations de taches » solaires, qu'elles manquent le plus, dit M. Broun dans » le Mémoire déjà cité. Les nombres *relatifs* de taches » fixés par le D$^r$ Wolf pour cette période (1790-1815) » ne sont que des évaluations grossières ou même, en » certains cas, des conjectures fort hasardées (*doubt-* » *full guesses*). »

» Je me demande si, pour reconnaître un maximum des taches en 1788, M. Wolf s'est laissé influencer par la présence certaine et bien accentuée du maximum de la boussole en 1787, car, par deux procédés différents, pris dans les seules taches, j'arrive à un tout autre résultat.

» 1° En retranchant quatre périodes ou $44^a,44$ de la date certaine de 1837,3, on trouve un maximum en 1792,8.

» Sir J. Herschel a remarqué que l'an 1800 était une année de minimum des taches. En retranchant de cette date la différence

$$11^a,11 - 3^a,9 = 7^a,2$$

qui doit exister entre un minimum et le maximum précédent, on trouve encore 1792,8.

» 3° Enfin, de 1788,1 au minimum suivant de M. Wolf 1798,3, il y a 10 ans (au minimum de J. Herschel, il y aurait 12 ans), intervalle qui ne se rencontre pas une seule autre fois dans toute la durée des observations des taches en deux siècles et demi.

» Quoi qu'il en soit, M. Broun n'hésite pas à faire coïncider ce maximum des taches avec celui de l'aiguille; dès lors, toute sa critique de la période de $11^a,11$ de M. Wolf roule uniquement sur l'emploi de cette date de 1787,2, qui est bien celle de l'aiguille de Cassini, mais qui ne répond à rien de certain pour les taches. Pour faire apprécier cette critique, je rapporterai d'abord les résultats des longues et belles recherches de M. Wolf sur l'histoire entière des taches du Soleil depuis Galilée et le P. Scheiner.

| | | | |
|---|---|---|---|
| m. 1610,8 | M. 1685,0 | m. 1755,2 | M. 1829,9 |
| M. 1615,5 | m. 1689,5 | M. 1761,5 | m. 1833,9 |
| m. 1619,0 | M. 1693,0 | m. 1766,5 | M. 1837,2 |
| M. 1626,0 | m. 1698,0 | M. 1769,7 | m. 1843,2 |
| m. 1634,0 | M. 1705,5 | m. 1775,5 | M. 1848,1 |
| M. 1639,5 | m. 1712,0 | M. 1778,4 | m. 1856,0 |
| m. 1645,0 | M. 1718,2 | m. 1784,7 | M. 1861,1 |
| M. 1649,0 | m. 1723,5 | M. 1788,1 | m. 1867,2 |
| m. 1655,0 | M. 1727,5 | m. 1798,3 | M. 1870,6 |
| M. 1660,0 | m. 1734,0 | M. 1804,2 | m. 1878,0 |
| m. 1666,0 | M. 1738,7 | m. 1810,6 | |
| M. 1675,0 | m. 1745,0 | M. 1816,4 | |
| m. 1679,5 | M. 1750,3 | m. 1823,3 | |

» Si, au lieu de choisir parmi ces nombres qui, certes, ne peuvent avoir tous la même valeur, précisément la date la plus douteuse ou tout au moins la plus extraordinaire, M. Broun avait pris une date moins douteuse, si, par exemple, il avait pris 1870,6, il aurait trouvé 11ᵃ,11 comme M. Wolf. En comparant 1878,2, il trouve :

| | | | | | |
|---|---|---|---|---|---|
| Avec 1693.... | $y =$ 10,43 | | Avec 1649 ..... | $y =$ 10,64 | |
| » 1685.... | 10,23 | | » 1639,5 ... | 10,56 | |
| » 1675.... | 10,21 | | » 1626 ..... | 10,75 | |
| » 1660.... | 10,61 | | » 1615,5.... | 10,75 | |

» Pour moi, en comparant 1870,6 avec les mêmes dates, je trouve :

| | | | |
|---|---|---|---|
| Avec 1693......... | 11,10 | Avec 1649......... | 11,08 |
| » 1685......... | 10,92 | » 1639,5...... | 11,00 |
| » 1675......... | 10,87 | » 1626 ........ | 11,13 |
| » 1660......... | 11,07 | » 1615,5....... | 11,06 |

» De plus, la table de M. Wolf montre que, d'un minimum au maximum suivant, l'intervalle moyen est de 4ᵃ,5. Or, nous venons de trouver près de 4 ans par les seules observations modernes. Je conclus de cet examen que les critiques de M. Broun n'ont pas d'autre base que l'erreur accidentelle commise en 1788, soit parce que M. Wolf se sera trop laissé influencer par le maximum incontestable de la boussole de Cassini, soit parce qu'il se sera produit dans le Soleil, juste à cette époque, un phénomène extraordinaire.

» Quoi qu'il en soit, la période des taches est 11ᵃ,11, telle que M. Wolf l'a formulée, et ce nombre restera dans la science.

» Passons aux variations de la déclinaison. Puisqu'il y a contestation pour le nombre des périodes entre 1787 et 1829, omettons d'abord la première date. Les observations donnent, à partir de 1824,2, les équations de conditions suivantes :

$$\begin{array}{ll} 0^{a},0 = x, & 32^{a},2 = x + 3y, \\ 5,5 = x, & 35,6 = x + 3y + z, \\ 9,6 = x + y, & 42,6 = x + 4y, \\ 13,5 = x + y + z, & 46,6 = x + 4y + z, \\ 20,3 = x + 2y, & 53,3 = x + 5y; \\ 24,5 = x + 2y + z, & \end{array}$$

d'où l'on tire $y = 10^{a},65$, résultat qui donne pleinement raison à M. Broun contre M. Wolf et nous oblige à compter, avec le premier, quatre périodes et non pas trois entre 1787 et 1824. Joignons donc au système précédent l'équation $37,0 = x - 4y + z$ relative à 1787,2. De ces deux équations on tire

$$x = 0^{a},08, \quad y = 10^{a},50 \pm 0^{a},08, \quad z = 4^{a},20 \pm 0,36.$$

» Si l'on adoptait la période des taches $11^{a},11$ comme le veut M. Wolf, on aurait

$$x = - 1^{a},43, \quad y = 11^{a},11, \quad z = 5^{a},10.$$

| Dates. | Observations. | Calcul ($y=10,50$) | Calcul ($y=11,11$). | C — O ($y=10,50$). | C — O ($y=11,11$) |
|---|---|---|---|---|---|
| | a | a | a | a | a |
| M. 1787,2... | —37,0 | —37,7 | —40,8 | —0,7 | —3,0 |
| ....... | .... | .... | .... | .... | .... |
| ....... | .... | .... | .... | .... | .... |
| m. 1824,2... | 0,1 | + 0,1 | — 1,4 | +0,1 | —1,5 |
| M. 1829,7... | 5,5 | 4,3 | + 3,7 | —1,2 | —0,6 |
| m. 1833,8... | 9,6 | 10,6 | 9,7 | +1,0 | —0,9 |
| M. 1837,7... | 13,5 | 14,8 | 14,8 | +1,3 | 0 |

| Dates. | Observations. | Calcul ($y$=10,50). | Calcul ($y$=11,11). | C—O ($y$=10,50). | C—O ($y$=11,11). |
|---|---|---|---|---|---|
| | a | a | a | a | a |
| m. 1844,5... | 20,3 | 21,1 | 20,8 | +0,8 | —0,3 |
| M. 1848,7... | 24,5 | 25,3 | 25,9 | +0,8 | +0,6 |
| m. 1856,4... | 32,2 | 31,6 | 31,9 | —0,6 | +0,4 |
| M. 1859,8... | 35,6 | 35,8 | 37,0 | +0,2 | +1,2 |
| m. 1866,8... | 42,6 | 42,6 | 43,0 | —0,5 | +0,9 |
| M. 1870,8... | 46,6 | 46,3 | 48,1 | —0,3 | +1,4 |
| m. 1877,5... | 53,3 | 52,6 | 54,1 | —0,7 | +1,5 |

» La conclusion est évidente : la vraie période est celle de M. Broun, à qui nous devons la manifestation de la vérité sur ce point capital. La période de M. Wolf, c'est-à-dire celle des taches solaires, est absolument inadmissible pour la variation du magnétisme.

» Il reste seulement ce fait accidentel que les deux phénomènes périodiques marchaient à peu près d'accord il y a quelques années. Pour fixer la date, calculons par nos formules les époques des maxima et des minima suivants :

| Boussole. | Taches. | Différence. |
|---|---|---|
| M. 1838,8 | 1837,2 | +1,6 |
| m. 1845,3 | 1844,5 | +0,8 |
| M. 1849,5 | 1848,4 | +1,1 |
| m. 1855,8 | 1855,7 | +0,1 |
| M. 1860,0 | 1859,6 | +0,4 |
| m. 1866,3 | 1866,9 | —0,6 |
| M. 1870,5 | 1870,8 | —0,3 |
| m. 1876,8 | 1878,1 | —1,3 |

» C'est vers 1860 que l'accord avait lieu. Il est donc

tout naturel que les observateurs, frappés d'une concordance si prolongée, aient cru à l'égalité parfaite des périodes et à la connexion physique des deux éléments.

» Ce qui contribue ici à l'illusion produite, c'est que les phénomènes appartiennent tous deux à la catégorie de ceux qui croissent un peu plus vite qu'ils ne décroissent. En effet, pour les taches, le maximum est à $3^a,9$ du minimum précédent et à $7^a,2$ du minimum suivant, tandis que pour l'aiguille les nombres correspondants sont $4^a,2$ et $6^a,3$. Cela contribue à faire croire que la courbe de l'aiguille reproduit fidèlement toutes les inflexions de celle des taches. C'est ce qui a permis à M. Wolf de représenter les observations magnétiques contemporaines de Prague, Milan, etc., par des formules relatives aux taches solaires. Mais cela n'empêchera pas les discordances de s'accentuer de plus en plus jusqu'au renversement complet vers 1950. »

Voici finalement la réponse de M. Faye à la question de M. Piazzi Smyth : 1° les périodes $10^a,45$ pour la boussole, $11^a,11$ pour les taches ont été bien déterminées, l'une par M. Broun, l'autre par M. Wolf ; 2° les deux phénomènes sont sans rapport entre eux ; 3° un ensemble de circonstances favorables, qui se produit tous les 176 ans, a fait croire à la connexion de ces deux phénomènes ; 4° ces concomitances passagères ne sont pas absolument rares dans l'histoire des sciences, et celle que l'on a remarquée entre les taches et les rayons vecteurs de Jupiter est dans le même cas.

M. Allan Broun ne s'est pas tenu pour battu ; il a répliqué dans les termes suivants.

« M. Lamont et moi, nous pensons que les observations des taches solaires ont été trop peu nombreuses vers la fin du siècle dernier et le commencement du siècle actuel pour déterminer les époques des maxima et des minima; aussi, quoique M. Wolf ait trouvé seulement deux cycles pendant les trente années entre 1788 et 1818, nous croyons qu'il en faut compter trois.

» Il m'a paru qu'il y avait une manière très-simple de résoudre cette difficulté. En prenant pour l'époque maximum 1788,1, comme l'a trouvé M. Wolf, et en comparant cette date avec celle du dernier maximum 1870,6, l'intervalle, 82$^a$,5, divisé par 7, on obtient 11$^a$,8 pour la durée moyenne, tandis que M. Lamont et moi nous divisons par 8 et nous trouvons 10$^a$,3. Quel est le vrai résultat? Si l'on prend les années avant 1788, on trouve pour maximum 1705,5, avec un intervalle, par rapport à 1788,1, de 82$^a$,6, qui avec 8 cycles donne aussi 10$^a$,3.

» Cependant M. Faye objecte que j'ai choisi « la » date (1788,1) la plus douteuse ou tout au moins la » plus extraordinaire ». La date est de M. Wolf, et je crois que c'est la plus sûre du siècle dernier. M. Faye prend la date du dernier maximum 1870,6, et il la compare avec les époques de 1615 à 1693. En opérant ainsi, il compte, avec M. Wolf, deux cycles seulement entre 1788 et 1818, et c'est là justement le fait sur lequel nous ne sommes pas d'accord. Nous savons parfaitement que, s'il n'y avait que deux cycles, la durée moyenne serait d'environ 11$^a$,1; s'il y en avait trois, elle serait d'environ 10$^a$,5. Mais quelle valeur peut-on donner à une moyenne déduite de deux résultats aussi différents que 11ª,8 et 10ª,3?

» M. Faye n'accepte pas pour l'époque du maximum « 1788,1; il croit que M. Wolf s'est laissé influencer » par la présence certaine et bien accentuée du maxi- » mum de la boussole 1787 » ; puis, par un calcul, il montre que la date devrait être 1792,8. Si M. Wolf peut changer de 4ª,7 l'une des époques du siècle dernier pour laquelle il a le plus d'observations, il serait préférable de mettre tout à fait de côté ses époques ; aussi je ne puis accepter cette hypothèse.

» Nous ne sommes cependant pas forcés d'employer cette date. Prenons les dates du minimum et du maximum qui la précèdent, 1784,7 et 1778,4 ; nous trouvons :

$$\frac{1878,0 - 1784,7}{8} = \frac{93,3}{8} = 11^{a},66,$$

$$\frac{1784,7 - 1689,5}{9} = \frac{95,2}{9} = 10^{a},58,$$

$$\frac{1870,6 - 1778,4}{8} = \frac{92,2}{8} = 11^{a},53,$$

$$\frac{1778,4 - 1685,0}{9} = \frac{93,4}{9} = 10^{a},38.$$

» Ainsi l'on trouve toujours une différence de plus d'une année si l'on suppose seulement deux cycles entre 1788 et 1818. Si, au contraire, on en suppose trois, la différence disparaît, et l'on a toujours environ 10ª,5.

» M. Faye a fait le calcul pour les taches commençant avec 1833,9 et les variations magnétiques commençant avec 1824,2. On ne peut pas comparer les résultats de cette manière; il faut le faire pour les mêmes intervalles. J'ai fait le calcul pour les variations magnétiques commençant avec 1833,8 et en supposant que le minimum prochain se produira en 1878,0, comme on a fait pour les taches (les dates sont déterminées d'après les moyennes d'une année, et nous ne sommes encore qu'à 1877,8). J'emploie les dates données par M. Faye, j'ajoute les valeurs trouvées par lui pour les taches :

*Variations magnétiques.*

$$x = -0^{a},20,\quad y = 11^{a},06,\quad z = 3^{a},86,\quad z' = 7^{a},32.$$

*Taches.*

$$x = -0^{a},58,\quad y = 11^{a},20,\quad z = 3^{a},88,\quad z' = 7^{a},20.$$

» Si l'on remarque que l'intervalle total n'est que de 45 ans, les durées moyennes, $y$, s'accordent assez bien. Mais voici le fait important qui a échappé à M. Faye : $z'$, l'intervalle d'un maximum à un minimum suivant est près du double de $z$, l'intervalle d'un minimum au maximum suivant, et cette différence remarquable *est la même pour les deux phénomènes*.

» J'ai dit que nous ne sommes pas encore à l'année qui aura 1878,0 pour milieu; pour éviter toute objection, j'ai fait le calcul en commençant à l'époque du maximum 1829,9 (1827,7 pour les variations magnétiques) et en le terminant à celle de 1870,6. L'époque du commencement est tout aussi bien déterminée que celle de 1833,9. Les équations de condition donnent :

*Variations magnétiques.*

$x = -1^{a},80, \quad y = 10^{a},72, \quad z' = 6^{a},40, \quad z = 4^{a},32.$

*Taches.*

$x = -1^{a},98, \quad y = 10^{a},63, \quad z' = 6^{a},28. \quad z = 4^{a},35.$

» Les valeurs sont à peu près les mêmes pour les deux phénomènes ; cependant la durée moyenne est de $0^{a},6$ moindre, pour les taches, que le résultat trouvé par M. Faye pour l'intervalle commençant en 1833,9. Il avait choisi les quatre cycles les plus longs de ce siècle. »

De tout ce qui précède M. Broun conclut :

1° Que quatre cycles ne sont pas suffisants pour obtenir la durée moyenne de la période ;

2° Que, si l'on compte seulement deux cycles entre 1788 et 1818, on aura $11^{a},6$ pour les taches dans la dernière centaine d'années (et cela sans employer l'époque de 1788), tandis qu'on a $10^{a},5$ pour la centaine qui la précède ;

3° Que cette différence disparaît si l'on compte trois cycles dans l'intervalle mentionné ;

4° Que les observations pour les deux phénomènes donnent les mêmes durées moyennes, quand on emploie le même intervalle de temps, et la même loi remarquable pour les intervalles entre les maxima et les minima ;

5° Que cette ressemblance se retrouve pour chaque cycle, autant que le permet l'exactitude des mesures. Ainsi, entre les minima des années 1844 et 1856, il y avait un intervalle de $12^{ans},45$, et entre les maxima de 1829 et 1837 un intervalle de $8^{ans},8$ *pour les deux phénomènes*.

Il paraît difficile de supposer que toutes ces coïncidences ne soient qu'accidentelles.

M. Wolf a répliqué, de son côté, à M. Faye :

« Votre article ne m'a pas convaincu. Je crois que mon calcul de la période magnétique est préférable au vôtre, parce qu'il est moins influencé par la grande variation de la période. Cette variation, pour laquelle j'ai trouvé en moyenne $1^{a},32$, fait que la période change au moins entre $11,11 - 1,32 = 9^{a},79$ et $11,11 + 1,32 = 12^{a},43$, deux limites dont la première s'est même plus que réalisée, par exemple de 1829,7 à 1837,7, et dont la seconde (pour ne prendre qu'un exemple des derniers temps) s'est presque accomplie de 1844,5 à 1856,4. Cette grande variation, que l'on ne peut pas contester, a pour suite naturelle :

» 1° Que l'on peut obtenir une valeur trop petite ou trop grande pour la période moyenne, si l'on emploie une courte suite de périodes pour la déterminer, dans laquelle cette variation ne s'est pas compensée;

» 2° Que pour cette suite les différences entre les époques observées et calculées peuvent être plus grandes si l'on emploie pour le calcul la bonne période moyenne que si l'on emploie la période tirée de cette suite spéciale, et je crois que c'est votre cas. Pour M. Broun, j'ajoute qu'il s'est trop basé sur cette époque extraordinaire de 1787 et qu'il n'a pas su la rattacher convenablement aux époques récentes. »

« L'argument de M. Wolf, réplique M. Faye à son

tour, aurait quelque poids si je n'en avais d'avance tenu compte dans mon calcul. Il pense avoir reconnu que le phénomène magnétique n'est pas simplement périodique, mais que la période est soumise à des fluctuations qui apparaissent elles-mêmes périodiquement. Dès lors, si l'on embrasse dans les calculs un intervalle de temps trop court, on peut fort bien tomber sur une série où les périodes seront plus courtes que la moyenne. M. Broun a déjà répondu à cette difficulté : la période des fluctuations susdites est, d'après M. Wolf, de 40 à 50 ans; donc, en prenant un intervalle double, tel que celui de 1787 à 1878, on ne peut manquer d'obtenir la période moyenne. C'est ce que j'ai fait moi-même.

» Il reste toutefois à examiner si ces fluctuations de $\pm 1^a,32$ sont bien réelles. A s'en tenir à mon calcul, on trouve que l'erreur à craindre sur une détermination isolée d'un maximum ou d'un minimum est $\pm 0^a,89$. D'après cela, l'erreur à craindre sur l'intervalle de deux maxima ou de deux minima sera $\pm 0^a,89\sqrt{2} = \pm 1^a,26$. Or ce nombre est bien rapproché des fluctuations de $\pm 1^a,32$, d'après M. Wolf. Celle-ci me paraît donc répondre à l'incertitude inhérente à ce genre spécial de détermination, plutôt qu'à un phénomène réel. »

» L'un des minima les plus certains de l'oscillation de l'aiguille prouve fort bien cette indétermination : celui de 1844, d'après les courbes de M. Broun.

| | |
|---|---|
| Minimum observé à Munich | 1844,27 |
| » Dublin | 1844,25 |
| » Makerstown | 1844,20 |
| » Toronto | 1843,90 |
| » Hobartown | 1843,42 |
| » Cap de Bonne-Espérance | 1843,50 |
| » Sainte-Hélène | 1843,42 |
| Moyenne des stations nord | 1844,14 |
| Moyenne des stations sud | 1843,44 |
| Moyenne générale | 1843,80 |

» Bien que M. Wolf persiste à appliquer sa période des taches solaires (11,11) au magnétisme, ajoute M. Faye, ce qui s'explique par une préoccupation déjà ancienne, j'espère que M. Broun ne persistera pas à appliquer sa période magnétique de 10$^a$,45 aux taches. S'il en était autrement, je le prierais de considérer le tableau suivant, où les deux périodes sont comparées :

| Minima observés. | Minima calculés (11$^a$,11). | Écarts. | Minima calculés (10$^a$,45). | Écarts. |
|---|---|---|---|---|
| | | a | | a |
| 1878,0 | 1878,1 | +0,1 | 1876,6 | — 1,4 |
| 1867,2 | 1866,9 | —0,3 | 1866,2 | — 1,0 |
| 1856,0 | 1855,7 | —0,3 | 1855,7 | — 1,3 |
| 1843,5 | 1844,5 | +1,0 | 1845,3 | + 1,8 |
| 1833,9 | 1833,3 | —0,6 | 1834,8 | + 0,9 |
| 1823,3 | 1822,2 | —1,1 | 1824,4 | + 1,1 |
| 1810,6 | 1811,2 | +0,6 | 1813,9 | + 3,3 |
| 1798,3 | 1800,0 | +1,7 | 1803,5 | + 5,2 |
| 1784,7 | 1788,9 | +4,2 | 1793,9 | + 8,3 |
| 1775,5 | 1777,8 | +2,3 | 1782,6 | + 7,1 |

| Minima | | | | |
|---|---|---|---|---|
| observés. | calculés (11ᵃ, 11). | Écarts. | Minima calculés (10ᵃ, 45). | Écarts. |
| | a | | | a |
| 1766,5 | 1766,6 | +0,1 | 1772,1 | + 5,6 |
| 1755,2 | 1755,5 | +0,3 | 1761,7 | + 6,5 |
| 1745,0 | 1744,4 | −0,6 | 1751,2 | + 6,2 |
| 1734,0 | 1733,3 | −0,7 | 1740,8 | + 6,7 |
| 1723,5 | 1722,2 | −1,3 | 1730,3 | + 6,8 |
| 1712,0 | 1711,1 | −0,9 | 1820,0 | + 7,9 |
| 1698,0 | 1700,0 | +2,0 | 1709,4 | +11,4 |
| 1689,5 | 1688,9 | −0,6 | 1699,0 | + 9,5 |
| 1679,5 | 1677,8 | −1,7 | 1688,5 | + 9,0 |
| 1666,0 | 1666,7 | +0,7 | 1678,1 | +12,1 |
| 1655,0 | 1655,5 | +0,5 | 1667,6 | +12,6 |
| 1645,0 | 1644,4 | −0,6 | 1657,2 | +12,2 |
| 1634,0 | 1633,3 | −0,7 | 1646,7 | +12,7 |
| 1619,0 | 1622,2 | +3,2 | 1636,3 | +17,3 |
| 1610,8 | 1611,1 | +0,3 | 1625,8 | +15,0 |

» N'est-il pas de toute évidence que la période de ces phénomènes est bien de 11ᵃ, 11, et non de 10ᵃ, 45 ?

» Quel que soit le mode d'action du Soleil, action que personne ne conteste, on voit que les taches ne sont pour rien dans le phénomène magnétique qui nous occupe ; car, si à une certaine époque les maxima des taches *semblent* déterminer des maxima dans la variation diurne de l'aiguille aimantée, il faudrait, 88 ans plus tard, que les mêmes maxima des taches produisissent l'effet tout contraire sur ladite aiguille, ce qui est inadmissible. Or ce renversement-là s'est produit sous nos yeux depuis l'époque des premières observations magnétiques instituées à l'Observatoire de Paris, et a dû se répéter autant de fois que 88 est contenu dans les 267 années qui nous séparent de la découverte des taches du Soleil par le savant hollandais Fabricius. »

Quant à l'argumentation de M. Broun, M. Faye y a également répondu de la manière suivante :

« Cette argumentation, dit-il, est basée sur ce que, pour déterminer la période des taches par des observations sûres, je me trouverais avoir été conduit à prendre les quatre périodes les plus longues de ce siècle.

» Je ferai remarquer que j'ai appliqué cette même période, uniquement basée sur les quatre dernières périodes de ce siècle, à toutes les observations existantes de minima depuis 267 ans, sans aucune exception. J'ai fait le même calcul pour la période que M. Broun veut imposer aux taches. C'est là assurément une épreuve décisive.

» Or ces 267 années d'observations, dont les 40 dernières années ont seules été employées par moi, sont satisfaites d'un bout à l'autre, sauf les petits écarts auxquels on doit s'attendre dans ce genre de détermination, par la période de $11^a,11$. La somme des carrés des erreurs n'est que de 41 unités ; les erreurs examinées individuellement sont indifféremment positives ou négatives.

» Au contraire, quand on veut imposer aux observations la période de M. Broun, de $10^a,45$, la somme des carrés des erreurs est 50 fois plus forte (1974) ; les petites erreurs sont les moins nombreuses : sur 25, il y en a 19 qui vont de 3 à 17 années ! En outre, au lieu de signes indifféremment positifs ou négatifs, la série des erreurs suit une progression parfaitement croissante de $-1^a,4$ à $+15^a$.

» Si, au lieu de soumettre au calcul les époques des minima, on employait celles des maxima, les résultats seraient presque exactement les mêmes.

» On n'a jamais eu l'occasion de noter, dans l'histoire des sciences d'observation et de calcul, de démonstration plus péremptoire.

» La question est donc réduite à ces termes : M. Wolf a trouvé que la période des taches est de $11^a,11$, et, sous l'empire d'une idée préconçue, il soutient que celle du magnétisme *doit être* aussi de $11^a,11$.

» M. Broun a trouvé que la période des variations magnétiques est de $10^a,45$, et, sous l'empire de la même idée préconçue, il soutient que celle des taches *doit être* aussi de $10^a,45$.

» M. Wolf a raison contre M. Broun pour la période des taches, ajoute en terminant M. Faye, M. Broun a raison contre M. Wolf pour la période du magnétisme, mais ils ont tort tous les deux de vouloir imposer aux deux ordres de phénomènes une même période. Ils n'y parviennent qu'en torturant les nombres; et, si l'on adopte soit l'un, soit l'autre de ces nombres ainsi torturés, on n'aboutit qu'aux contradictions les plus violentes avec les faits.

» L'idée préconçue est donc inadmissible; *les taches solaires n'ont aucun rapport avec la variation en déclinaison de l'aiguille aimantée*. Ce qui explique les analogies de détail qui ont si vivement frappé tant d'éminents observateurs et l'illusion qui a régné si longtemps dans la science, c'est la circonstance fortuite que les phases des deux phénomènes coïncidaient, à très-peu près, vers le milieu de ce siècle. La même coïncidence se reproduit tous les 176 ans. Le phénomène oscillatoire que présente la constitution intime du Soleil, et qui se manifeste diversement par la fréquence des taches et par celle des flammes hydrogénées, est encore plus régulier qu'on ne le croyait. »

On voit par toute cette longue discussion que la question est admirablement posée par les divers investigateurs. Tout problème bien posé est, dit-on, à moitié résolu. Il nous paraît pourtant encore assez difficile d'*affirmer*, car il suffirait que les périodes de l'un et l'autre élément fussent un peu différentes de celles qu'on adopte, ou fussent variables elles-mêmes l'une et l'autre, pour qu'elles restassent en correspondance. Il est bien difficile de voir le diagramme de M. Wolf sans en garder une impression durable. La question n'est pas aussi facile à décider que dans le cas de Jupiter, car la période de cette planète est inébranlablement fixée à $11^a,86$.

N'a-t-on pas tort d'adopter dès aujourd'hui une période moyenne que l'on fixe à un centième d'année près? Qu'est-ce qu'une pareille *moyenne* calculée sur des nombres qui diffèrent entre eux non-seulement au centième et au dixième, mais même dans les unités? De 1829,7 à 1837,7, le maximum de la variation magnétique s'est renouvelé en 8 ans; de 1844,5 à 1856,4, le retour du minimum a demandé près de 12 ans, et l'on prétend affirmer la période à trois jours près!

On trouve les mêmes anomalies dans les manifestations des taches. Nous conclurons donc que : 1° M. Wolf a tort d'affirmer la période des taches à 11a,11; 2° que M. Broun a tort d'affirmer la période magnétique à 10a,45; 3° que M. Faye a tort d'adopter ces deux périodes comme périodes astronomiquement fixées et d'en conclure qu'il n'y a aucune concordance entre le Soleil et le magnétisme terrestre; 4° qu'on n'a pas encore observé un minimum magnétique correspondant à un maximum solaire, comme on l'a fait pour Jupiter; et 5° qu'il est probable qu'il y a un rapport réel entre les deux faits, mais que plusieurs années d'observations exactes sont encore nécessaires pour décider.

Il ne faut pas encore être trop affirmatif, ni pour ni contre. Ainsi, par exemple, en 1876, M. Wolf pensait que le dernier minimum magnétique et solaire tombait à la fin de 1875 ou au commencement de 1876, car voici ce que M. Faye disait à l'Institut le 28 août 1876 :

« Je ne puis m'empêcher de signaler l'intérêt croissant qui s'attache aux curieuses recherches de M. Wolf sur la concordance des taches du Soleil avec les phénomènes du magnétisme terrestre. D'après M. Wolf, les époques des minima, depuis près d'un siècle, ont été

1785, 1798, 1810, 1823, 1834, 1844, 1856, 1867;

et, comme la période est de 11 $\frac{1}{9}$ ans, on devait s'attendre à trouver un minimum en 1878. Au lieu de cela, ce minimum a eu lieu entre la fin de 1875 et le commencement de 1876, c'est-à-dire qu'il a présenté, cette année, une anomalie très-remarquable de plus de

2 ans. Néanmoins, les variations de la déclinaison de l'aiguille aimantée paraissent suivre ces énormes fluctuations avec une singulière fidélité. Ainsi, M. Wolf ayant déduit *de l'observation des taches solaires* les variations suivantes de la déclinaison magnétique en 1875 :

Pour Prague...... 6',66 Pour Munich..... 7',33

on a trouvé :

Pour Prague...... 6',73 Pour Munich..... 7',05

*par l'observation directe de l'aiguille aimantée.* Tels sont, en effet, les résultats publiés pour 1875 par M. Hornstein, à Prague, et par M. Lamont, à Bogenhausen, près de Munich. »

Eh bien ! M. Faye a changé d'avis depuis, sur le fait même de la concordance, et M. Wolf en a changé lui-même sur la date, puisque le dernier minimum des taches n'est pas arrivé en 1875, ni en 1876, ni même en 1877, mais en 1878.

M. Wolf écrivait au mois de mai 1878 :

« Le n° 46 de mes *Astronomische Mittheilungen* donne un résumé des taches solaires de 1877, d'où il résulte que le nombre relatif de cette année possédait la valeur

$$r = 12,3.$$

» En remarquant que cette valeur s'est diminuée, de 1870 à 1876, de

$$r = 139,1 \text{ à } r = 11,3,$$

on peut soupçonner que nous avons passé le minimum ;

mais l'augmentation est encore trop faible pour en être sûr et pour fixer l'époque précise de ce minimum. En profitant des formules déduites par moi, on trouve que le nombre relatif $r = 12{,}3$ correspond aux variations magnétiques

Pour Prague.... 6',44 Pour Christiania.... 5',17

» L'observation ayant donné

Pour Prague.... 5',95 Pour Christiania.... 5',20

on a une concordance plus que suffisante entre le calcul et l'observation. »

Le bienveillant astronome de Zurich paraît toujours satisfait.

En Angleterre, M. Balfour Stewart a établi de son côté les comparaisons suivantes entre les variations des taches solaires et les observations magnétiques faites à l'Observatoire de Kew. Il a tracé notamment la *fig.* 22, dans laquelle la courbe supérieure montre la variation des taches solaires et l'inférieure celles de la déclinaison magnétique.

La comparaison de ces deux courbes montre que presque toutes les fluctuations proéminentes des taches solaires se reproduisent sur la courbe magnétique; aussi a-t-il employé les mêmes lettres pour dénommer ces fluctuations correspondantes.

Il affirme que les fluctuations magnétiques suivent avec une invariable constance les fluctuations solaires correspondantes, seulement avec un retard, dont la moyenne probable est de six mois, et conclut de ces comparaisons qu'il y a une relation intime et scrupuleuse entre l'état physique du disque solaire et les oscillations diurnes de l'aiguille aimantée.

On ne saurait conclure, ajoute-t-il, que les taches solaires soient la cause des oscillations magnétiques, car M. J.-A. Broun a démontré que, alors même que le disque solaire n'offre pas une seule tache, l'aiguille aimantée éprouve des oscillations considérables. D'un

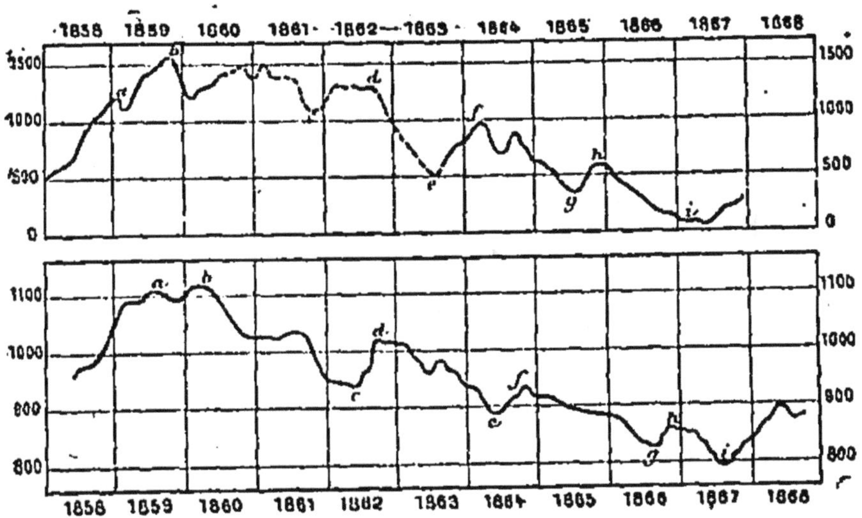


Fig. 22. — Taches solaires et déclinaison magnétique (Kew).

autre côté, les recherches spectroscopiques ne nous permettent guère de douter qu'il puisse y avoir une grande activité solaire en l'absence des taches, tandis que des taches apparaîtront probablement quand la perturbation sera grande à la surface du Soleil. Les taches solaires ne peuvent nous offrir qu'un mode insuffisant d'apprécier l'activité du Soleil, de même que la pluie ne pourrait nous donner qu'un moyen grossier d'apprécier l'activité météorologique d'un district de la Terre. Ne serait-il pas possible que les taches solaires fussent en réalité une espèce de pluie céleste?

MM. Balfourt Stewart et Warren de la Rue ont conclu de leurs comparaisons que les planètes influent jusqu'à un certain degré, encore inconnu, sur la production des taches. Voici, en effet, les arguments qu'ils exposent dans leur Mémoire (*Transactions de la Société royale*, mars 1872).

« On pourrait objecter : comment un corps comparativement aussi petit, aussi éloigné du Soleil que le sont les planètes, pourrait-il provoquer sur le disque du Soleil des perturbations aussi grandes que le sont les taches solaires? Il ne faut pas oublier que dans les taches du Soleil nous avons, en fait, un ensemble de phénomènes curieusement limité à certaines latitudes solaires, dans lesquelles, toutefois, ces taches varient selon une certaine loi périodique assez compliquée, tout en offrant aussi dans leur fréquence des variations périodiques d'une nature compliquée. Or ces phénomènes doivent être produits soit par une cause inhérente à la surface du Soleil, soit par une cause extrinsèque. Nous ne pouvons, il est vrai, comprendre que des corps aussi éloignés que le sont les planètes produisent des effets aussi considérables; d'un autre côté, il nous est pareillement difficile d'imaginer ce qui, sur la surface du Soleil, pourrait donner naissance à des phénomènes d'une périodicité aussi compliquée. Néanmoins, comme nous l'avons dit, ces variations ne sont pas contestables. Dans ces circonstances, il ne nous semble pas illogique d'examiner si, comme faits constatés, ces taches ont des rapports avec les positions des planètes. Si nous pouvions établir cette connexion, relativement à quelque planète d'une étendue considérable, nous aurions l'avantage d'obtenir le même résultat par une autre planète de grandeur à peu près égale, et nous serions ainsi amenés à utiliser notre idée comme hypothèse féconde. »

Partant de ce principe, ces observateurs ont mesuré chacune des taches solaires enregistrées par Car-

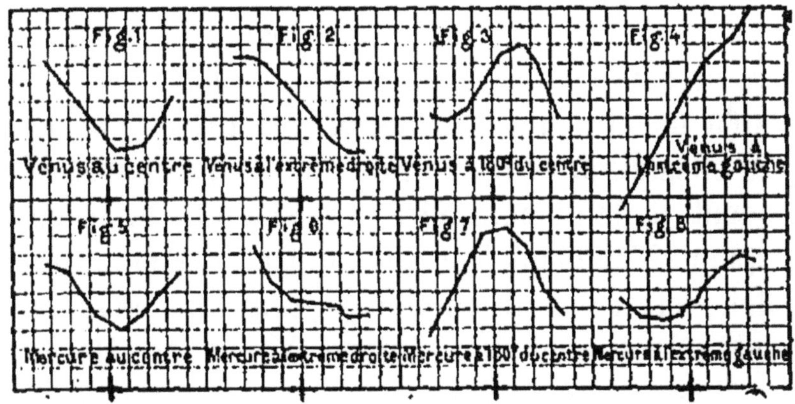


Diagramme 23. — Influence des planètes sur l'activité des taches solaires. (Le signe + indique le centre du disque visible.)

rington, depuis le commencement de l'année 1854 jusqu'à la fin de l'année 1860, ainsi que toutes les photographies prises à l'Observatoire de Kew, depuis le commencement de 1862 jusqu'au commencement de 1867; les résultats de toutes ces mesures sont consignées dans le diagramme 23.

Dans ce diagramme, chaque ligne courbe est supposée représenter la manière dont se comportent, relativement à leur volume, les différents groupes de taches, quand ils passent sur le disque du Soleil, en vertu de la rotation de cet astre, de gauche à droite. Si, par exemple, une tache conservait toujours la même grandeur, sa voie serait représentée par une ligne horizontale; mais si, au milieu de sa course, elle devient plus petite qu'elle n'était à chaque extrémité, nous la représentons comme on l'a fait dans la *fig.* 4. Or, d'après ce diagramme, il semble que, toutes les fois que Vénus ou Mercure se trouvent entre le centre du Soleil et notre Terre ou à peu près, les taches solaires se comportent comme dans la *fig.* 4, c'est-à-dire qu'à mesure que la rotation les rapproche de la planète elles diminuent de grandeur, et que quand elles l'éloignent de la planète elles grossissent. En second lieu, quand Vénus ou Mercure sont à l'extrême droite du Soleil, les taches diminuent durant tout leur parcours. En troisième lieu, quand Vénus ou Mercure sont de l'autre côté du Soleil, exactement vis-à-vis de la Terre, les taches ont leur maximum au centre; enfin, quand Vénus ou Mercure sont à l'extrémité gauche du Soleil, les taches grossissent durant tout leur parcours; bref, elles ont toujours leur plus petit volume quand elles sont dans le voisinage immédiat de Mercure ou de Vénus, et leur plus gros volume quand la partie du Soleil à laquelle elles sont attachées est transportée par la rotation au point le plus éloigné de la planète influente.

Si cette observation recèle quelque vérité, il semble qu'on pourrait en conclure que, lorsque les deux planètes influentes sont ensemble d'un même côté du Soleil, leur action particulière productrice de taches doit être remarquablement puissante, et que par conséquent,

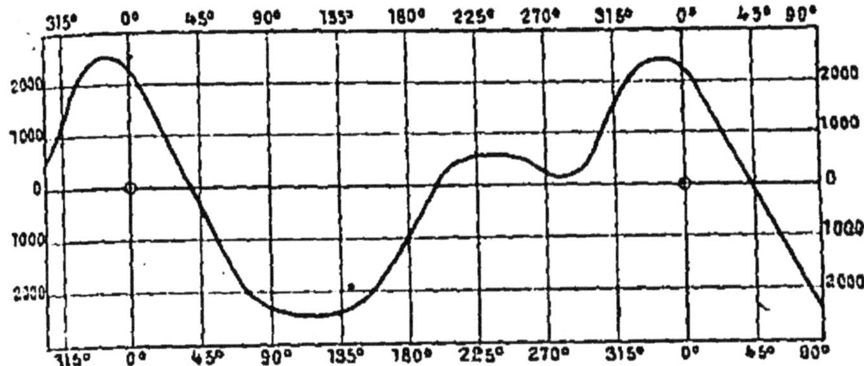


Diagr. 24. — Variation de la surface solaire tachée suivant les positions relatives de Mercure et de Vénus.

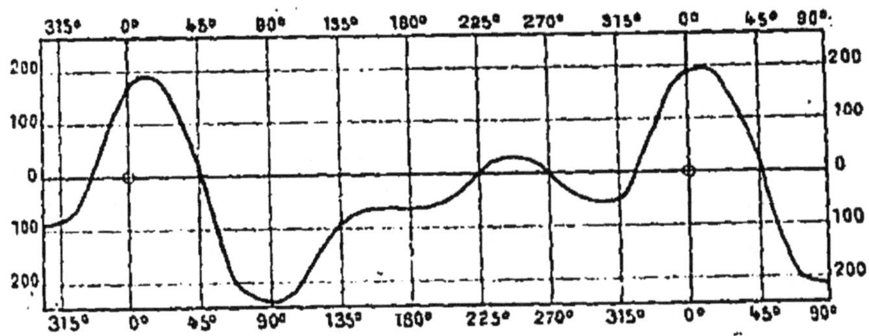


Diagr. 25. — Variation magnétique suivant les positions relatives de Mercure et de Vénus. (o indique la conjonction.)

lors de pareilles conjonctions, il doit paraître une quantité de taches plus grande qu'à l'ordinaire.

D'autre part, quand une planète influente est d'un côté du Soleil et l'autre à l'opposite, on pourrait admettre qu'elles se neutralisent l'une l'autre, ce qui diminuerait considérablement l'aire des taches.

Les observateurs de Kew ont aussi examiné ce point, et ils pensent avoir trouvé des inégalités des taches solaires dépendant des positions relatives des différentes planètes.

Par exemple, il y a un plus grand nombre de taches quand Vénus et Jupiter sont en conjonction; il en est de même, un peu plus tôt, pour Vénus et Mercure, ainsi que pour Mercure et Jupiter; enfin, le même effet se produit un peu plus tôt quand Mercure est près du Soleil.

Ces résultats d'une observation exclusivement solaire peuvent être vérifiés d'une manière tout à fait différente, dit M. Balfour Stewart. « Si les planètes ont de l'influence sur le Soleil, et si l'état de la surface solaire affecte le magnétisme terrestre, on peut s'attendre à ce que nous ayons des inégalités magnétiques dépendant des positions des planètes. Nous ne prétendons pas dire par là que les planètes aient une influence directe sur le magnétisme terrestre; cette influence s'exercerait plutôt indirectement par l'intermédiaire de la surface du Soleil. Nous avons dit aussi qu'à Kew des effets magnétiques terrestres suivent de près ou de loin les états correspondants de la surface solaire. Il faudra donc tenir compte de ces effets dans toutes les comparaisons que nous établirons entre les inégalités des taches solaires provenant de l'influence des planètes et les inégalités magnétiques provenant de la même cause.

» J'ai récemment établi une comparaison de ce genre,

en recourant aux inégalités de courte période qui devaient probablement se rencontrer dans les séries limi-

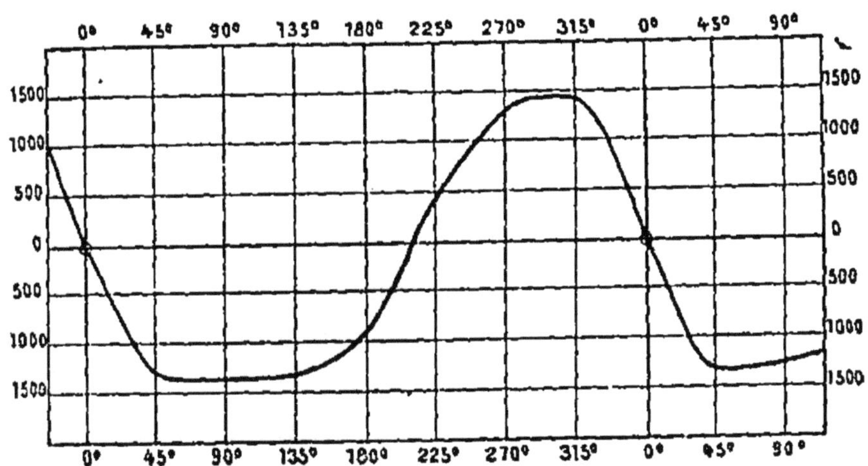


Diagr. 26. — Variation de la surface solaire tachée suivant la distance de Mercure au Soleil.

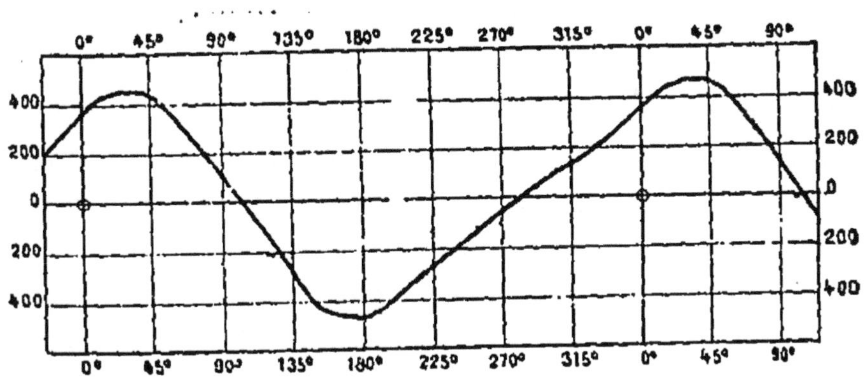


Diagr. 27. — Variation magnétique suivant la distance de Mercure au Soleil. (o indique le périhélie.)

tées d'observations magnétiques dont je pouvais disposer à l'appui de ma thèse.

» Les résultats sont résumés dans les diagrammes ci-contre. Le diagramme 24 représente la tache solaire, et le diagramme 25 l'inégalité magnétique, suivant les positions relatives de Mercure et de Vénus (0° désignant la conjonction). Le diagramme 26 représente la tache solaire, et le diagramme 27 l'inégalité magnétique provenant de la distance variable de Mercure au Soleil (0° indiquant le périhélie). Le diagramme 28 représente la tache solaire, et le diagramme 29 l'inégalité magnétique provenant des positions relatives de Mercure et de Jupiter (0° marquant la conjonction). »

Si nous comprenons bien les figures du savant physicien anglais, les courbes des taches solaires représentent la variation de surface de ces taches suivant la position de la planète. Dans le diagramme 24, par exemple, la tache solaire (prise comme moyenne générale) diminue de grandeur à partir de la ligne 0° ou de la conjonction de Mercure et de Vénus; c'est à 90° qu'elle est à son minimum, puis elle grandit jusqu'à 225°, repasse par un minimum secondaire à 270°, et atteint son maximum avant la conjonction. En même temps, la variation magnétique est plus grande aux époques des conjonctions que dans l'intervalle.

« Tous ces diagrammes, ajoute l'auteur, prouvent qu'il existe une frappante similitude entre les inégalités planétaires de taches solaires et les inégalités planétaires magnétiques constatées par les registres de l'Observatoire de Kew, ces dernières, toutefois, étant en retard par rapport aux premières en ce qui concerne le temps, comme on devait s'y attendre.

» C'est incontestablement un fait étrange et frappant

que la courbe quotidienne de la déclinaison de l'aiguille aimantée soit sensiblement plus grande lors des conjonctions de Vénus et de Mercure ou de Vénus et

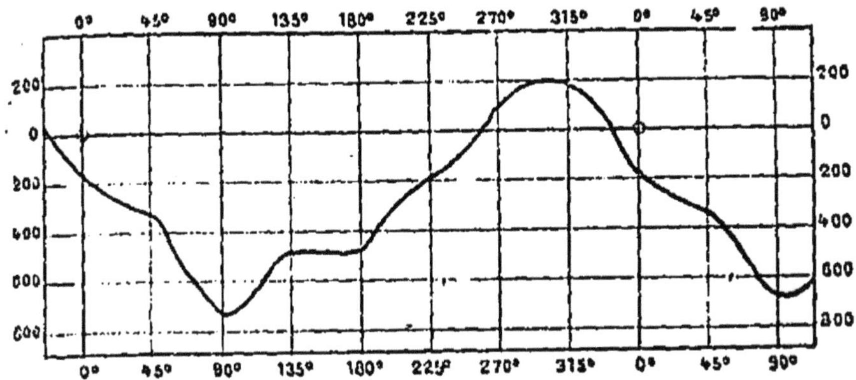


Diagr. 28. — Variation de la surface solaire tachée suivant les positions relatives de Mercure et de Jupiter.

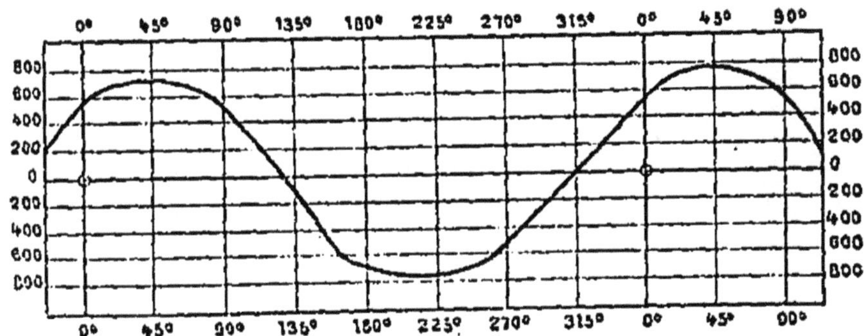


Diagr. 29. — Variation magnétique suivant les positions relatives de Mercure et de Jupiter. (o indique la conjonction.)

de Jupiter, comme lorsque Mercure se rapproche le plus du Soleil.

» Peut-être n'irait-on pas trop loin en disant que

les faits décrits plus haut sont de nature à prouver que le Soleil exerce une influence sur la Terre et hypothétiquement aussi sur les autres planètes d'une manière inconcevable, tandis que les faits décrits en dernier lieu tendent à prouver que les planètes les plus remarquables de notre système et peut-être aussi la Terre ne sont pas sans quelque influence sur l'état de la surface solaire. A première vue, nous sommes étonnés de la supposition qu'une planète, telle que Vénus, qui se rapproche de la Terre plus qu'elle ne le fait jamais du Soleil, puisse être accusée de manifestations aussi énormes d'énergie que celles qui ont lieu à la surface du Soleil. Mais le merveilleux disparaîtra si nous disons qu'il peut y avoir deux espèces de causes ou d'antécédents. C'est ainsi que nous pouvons dire : le forgeron est la cause du coup que son marteau frappe sur l'enclume, et ici la force du coup dépend de celle de l'ouvrier. Mais nous pouvons dire aussi que l'homme qui presse la détente d'un fusil ou d'un canon est la cause du mouvement de la balle ou du boulet, et ici il n'y a pas de relation entre la force de l'effet et celle de sa cause.

» Or, quelque mystérieuse que puisse être la manière dont Vénus et Mercure affectent le Soleil, nous pouvons affirmer qu'elle ne ressemble pas au procédé du forgeron ; ces planètes n'assènent pas de coup violent au Soleil, de coup qui puisse produire cet effet prodigieux ; elles presseraient plutôt la détente et provoqueraient ainsi subitement un changement considérable (¹). »

(¹) Journal *la Nature* du 28 juillet 1877.

Ces recherches sont du plus haut intérêt, mais elles ne sont pas concluantes. Nous ne pouvions néanmoins les passer sous silence. Elles agrandissent considérablement le champ de la discussion et prouvent qu'il serait antiscientifique de conclure avant de posséder une série d'observations suffisantes pour décider si ces ingénieux rapports ne sont que fictifs.

L'Académie des Sciences de Belgique a publié, en 1877, le travail suivant de M. l'abbée Spée sur la *Comparaison détaillée de l'état journalier du Soleil avec les allures de l'aiguille aimantée.* C'est une comparaison faite avec le plus grand soin et que nos lecteurs apprécieront.

Que l'astre, centre de notre système, ait une action sur les mouvements de l'aiguille aimantée, dit M. Spée, c'est là une idée ancienne, et déjà Arago expliquait la variation diurne du déclinomètre au moyen d'une force répulsive exercée par le Soleil sur le pôle boréal de l'aiguille. Après l'érection des observatoires magnétiques dans les colonies anglaises, on reconnut que la période diurne et la période annuelle se montrent dans les deux hémisphères, si l'on considère le pôle le plus rapproché du Soleil. Sabine, en Angleterre, le P. Secchi, à Rome, trouvèrent que le phénomène, dépouillé de l'influence horaire, est pour toutes les latitudes en rapport avec la déclinaison solaire. Enfin, lorsque Lamont et Sabine découvrirent pour l'aiguille de déclinaison une variation à plus longue période coïncidant avec la période des taches solaires déterminée par MM. Schwabe et Wolf, l'influence du Soleil, acceptée déjà par d'illustres physiciens, devint l'objet d'une étude particulière. L'importance de cette dernière découverte frappa le P. Secchi, et en 1859 il put réunir à son Observatoire astronomique un Observatoire magnétique complet : les instruments, tous de premier choix, et leur installation ont été minutieusement décrits par l'illustre astronome, et depuis cette époque les observations régulières, qui ont lieu huit fois par jour, et davantage lorsqu'il y a perturbation, n'ont jamais été interrompues.

Les résultats ont été précieux pour la Science : ils ont confirmé tous les faits précédents, et notamment la relation entre les deux longues périodes. Les deux séries de courbes qui accompagnent ce travail se rapportent aux années 1871, 1872, 1873, 1874 et 1875 : la première donne pour chaque mois la valeur moyenne de l'excursion du déclinomètre en divisions de l'échelle ; la seconde indique le nombre des taches pour le temps correspondant. Un simple coup d'œil suffit pour faire voir que *les deux courbes marchent avec un accord remarquable.*

En 1867, le P. Ferrari, assistant du P. Secchi, remarqua que les perturbations extraordinaires et les aurores boréales étaient d'autant plus rares que l'excursion moyenne de l'aiguille de déclinaison était plus faible. Il eut la pensée de rechercher si la relation entre les mouvements magnétiques et l'activité solaire n'était pas plus étroite, si les perturbations des aiguilles aimantées ne coïncidaient pas avec l'apparition ou la formation des grandes taches sur le Soleil. Grâce à la riche collection de dessins exécutés à l'Observatoire depuis 1858, il put dresser une courbe exacte des taches solaires, et, marquant sur cette courbe les perturbations extraordinaires aux jours indiqués par les registres météorologiques, il arriva à ces conclusions remarquables : « Dans les années de maximum, les perturbations magnétiques se produisent ordinairement lorsque le nombre des taches, d'ailleurs sujet à de grandes fluctuations, est le plus grand ; dans les années de minimum, ces perturbations, toujours plus faibles, coïncident avec l'apparition et surtout avec le développement de quelque tache. » Après une interruption de trois ans, l'habile physicien a pu reprendre son étude de comparaison, et, dans plusieurs Mémoires présentés à l'*Accademia dei nuovi Lincei*, il en a discuté les résultats, tous concordants entre eux.

Les années de minimum sont très-favorables à l'étude de ces phénomènes : leur rareté permet d'en suivre avec plus d'attention les différentes phases et de faire un examen sérieux des circonstances qui les accompagnent ; de plus, elle rend beaucoup moins probable l'hypothèse que leur concordance serait l'effet du hasard. A ce point de vue, l'année 1875 est précieuse : le nombre des taches, qui, en 1874, était encore de 147, est tombé à 77 ; une diminution analogue a été constatée dans le nombre des facules et des protubérances. J'ai comparé les courbes magnétiques diurnes construites à l'aide des huit observations pour le déclinomètre, le bifilaire et le vertical, à l'état physique du Soleil. Il y a entre les deux classes de phénomènes un accord si frappant qu'on croirait devoir placer dans l'activité solaire *la cause première de tous les phénomènes magnétiques*.

Voici le détail de cette comparaison. Nous le reproduisons malgré son étendue, parce que nous sommes persuadé que les savants sérieux liront attentivement ces deux colonnes de comparaisons.

Le 2 janvier, premier jour d'observation, un groupe se trouvait sur la surface du Soleil et déjà était parvenu aux $\frac{3}{4}$ de sa course. Il mesurait encore $9^{mm}$ et l'on y comptait neuf petits noyaux.

Le 3, le centre s'était développé, au détriment des parties avoisinantes; la tache présentait une forme triangulaire de $18^{mm}$ de surface et avait deux noyaux.

Le 4, une nouvelle tache se forma à l'improviste dans l'hémisphère nord, à $0^{m},02$ du bord occidental. Les facules qui l'accompagnaient, ainsi que celles qui entouraient la tache principale, étaient très-vives.

Le 5 et le 6, le temps fut couvert.

Le 7, une tache à deux noyaux commençait sa rotation, mais elle fut de peu d'importance.

Le 10, bien que très-

Le 2 janvier, les instruments magnétiques furent troublés. Le trouble affecta principalement le vertical et le déclinomètre. Ce dernier descendit de 6 divisions, course tout à fait anomale pour la saison.

Le 3, le bifilaire fut très-irrégulier. Le trouble augmenta les jours suivants, et, dans l'après-dîner du 7, il tomba de 15 divisions. Ce jour-là aussi, la perturbation du déclinomètre et du vertical fut notable.

avancée sur le disque, elle ne mesurait que 6$^{mm}$.

Le 17, un groupe apparut au bord oriental. On y comptait déjà sept noyaux; mais l'agitation n'était que superficielle, car les facules étaient très-faibles. En effet, après s'être développé jusqu'au 19, il diminua.

Les instruments furent très-peu agités; les heures *tropiques* seules furent déplacées.

Du 17 au 21, le bifilaire et le vertical furent fréquemment *hors d'heure*.

Le 22, la perturbation fut plus accentuée et commune aux trois instruments.

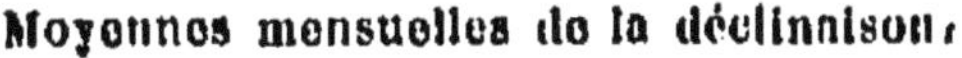


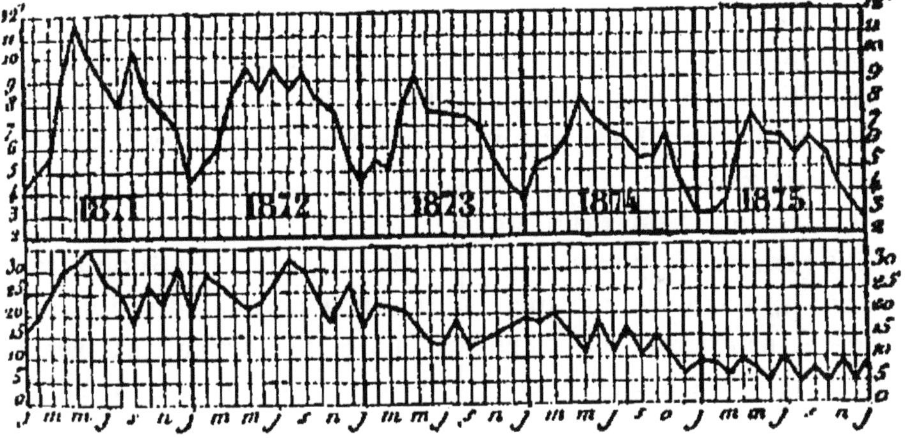


Nombre mensuel des groupes de taches solaires.

Diagramme 30. — Variation du magnétisme terrestre et des taches solaires.

Le 24, les taches étaient environnées de brillantes facules. Le 26, elles étaient

Le 24, forte perturbation; le vertical monta de 11 divisions et le bifilaire de

sur le bord, où l'on voyait les jets brillants qui partaient de leurs centres.

Du 26 au 29, rien de remarquable. La chromosphère seule fut quelque peu agitée.

Les dessins du 30 et du 31 manquent.

Mais, le 1er février, une tache de $7^{mm}$ était entrée sur le disque. L'agitation qui lui avait donné naissance devait avoir été peu considérable et se trouvait déjà sur sa fin. La cavité ne tarda pas à se fermer. Le 5, il n'y en avait plus de trace.

Le 6, on remarque un petit groupe de pores.

Le 9, dans la matinée, légère éruption au bord oriental. Dans la région correspondante du disque, on voyait déjà de très-belles facules et une petite tache tout près du bord; mais le tout ne tarda pas à s'effacer. Le calme dura jusqu'au 17. Le 17, une éruption lointaine se montra à l'est.

Le 22, la superficie des taches était de $56^{mm}$; une

19, pour descendre de 20 divisions, le 25.

Rien d'extraordinaire non plus dans les mouvements du magnétisme.

L'après-dîner du 30, le bifilaire monta soudainement de 17 divisions. Le 31, au contraire, l'oscillation ne fut que de 3.

Le 1er février, le vertical monta à son tour en quelques heures de 8 divisions.

Du 2 au 5, le vertical et le bifilaire restèrent constamment troublés.

Le 6, le déclinomètre faisait à peine 1 division.

Le 9, le vertical fut très-oscillant, et, le 10, le bifilaire parcourut plus de $15^{d}$.

L'activité qui régnait dans les taches était rendue ma-

observation spectrale du noyau principal accusa la présence dans la cavité du sodium, de l'hydrogène, du magnésium et du fer.

L'activité solaire continua.

Le 24, alors que le grand groupe se trouvait sur le méridien central, deux nouvelles taches se formèrent au bord oriental.

Le 26, on en comptait en tout six ayant douze noyaux et une superficie totale de 66mm. Les facules étaient nombreuses et brillantes.

Le mauvais temps, qui fut presque permanent pendant le mois de mars, empêcha fréquemment les observations.

Les dessins du 6 et du 7 montrent encore quelque activité; il y a deux petits groupes un peu au delà de l'axe, mesurant, le 6, 16mm, et 26mm le 7.

Le 9, la portion agitée est tout entière près du bord occidental et mesure encore 14mm.

Après une interruption de quatre jours, deux nouvelles taches étaient sur le disque; nifeste par le mouvement des aiguilles. En effet, après avoir été paralysée depuis le 17, l'excursion fut, le 21, de 11 divisions pour le vertical et de 18 pour le bifilaire. Le 22, le déclinomètre resta troublé; le 25, les grandes oscillations recommencèrent, et le 27 eut lieu une perturbation magnétique très-forte, du caractère que les physiciens appellent *auroral*. La course du bifilaire fut de 64div,6, celle du vertical de 43 et celle du déclinomètre de 19div,5.

Le bifilaire fut troublé le 1er, le 3 et le 5. L'oscillation du vertical fut de 12 divisions le 5 et de 14 le 8. Exagérée aussi fut celle du bifilaire; le 7, elle était de 12 divisions.

Le 10, le vertical descendit, après une oscillation de 15 divisions.

Le 11, le bifilaire tomba de 19; l'amplitude de l'oscillation du vertical fut de 14, et le maximum prin-

par leur position on calcule que la région qu'elles occupent était au bord le 11 et le 12.

Le 18, une tache, de dimension remarquable pour l'époque, se trouvait à $5^{mm}$ du bord oriental; noyau et pénombre avaient une superficie de $13^{mm}$ et étaient entourés de nombreuses facules.

Le 19 et les jours suivants, l'agitation crût constamment. Le 23, l'aire tourmentée était de $45^{mm}$, répartie en deux groupes ayant sept noyaux.

Le 30 mars, l'image solaire révéla la présence d'un nouveau groupe de $18^{mm}$. Il était au delà du méridien central. Sa formation remontait au 28 ou au 29, car, le 27, il n'y avait dans cette région ni pores ni facules.

Le mois d'avril fut plus malheureux encore que le mois de mars. Dans l'espace de quinze jours, on ne put faire que six dessins.

Le dessin du 4 montre quatre groupes de facules renfermant sept petits

cipal du déclinomètre arriva *hors d'heure.*

Du 13 au 17, le bifilair resta constamment troublé.

Le 17, il monta rapidement et atteignit dans la matinée la division 140 de l'échelle; mais, le 19, il descendit à 113; l'oscillation du vertical fut de 17 divisions.

L'influence du groupe paraît se faire sentir particulièrement sur le vertical, dont les oscillations sont toujours exagérées. Le 24 et le 25, elles sont encore de 17 divisions. Du 20 au 27, l'oscillation moyenne du bifilaire était de $5^{div},8$; le maximum fut de $8^{div},3$ et le minimum de $4^{div},2$. Le 28, elle fut de $17^{div},7$ et le 29 de $19^{div},5$.

La marche des aiguilles fut très-régulière dans les premiers jours du mois. Le

noyaux. La chromosphère était calme; il n'y avait qu'une protubérance de $12^{mm}$ de superficie.

Le 8 et le 9, on constata qu'un des groupes du 4 s'était accru et qu'une nouvelle tache était entrée sur le disque. L'état du ciel ne permit pas l'étude de la chromosphère. Il y eut une nouvelle interruption de cinq jours.

Le 15 avril, on voyait trois taches, dont l'ensemble mesurait $33^{mm}$. Elles se trouvaient dans la période dite *de tranquillité;* les facules étaient peu nombreuses et à peine visibles; le centre diminua rapidement.

Du 17 au 22, la chromosphère reprit un peu d'activité; il y eut chaque jour sept ou huit protubé-

5, il y eut une légère perturbation dans le bifilaire; elle continua le 6.

Le 7, elle fut très-forte dans les trois instruments et coïncida avec une belle aurore boréale observée à Saint-Pétersbourg. Dans la matinée, le bifilaire descendit de 31 divisions; vers midi il monta de 7 pour redescendre de 10 l'après-dîner. Sa chute fut donc de 34 divisions. Le vertical remonta de $25^{div}$,4 et l'oscillation du déclinomètre atteignit $11^{div}$,8.

Le bifilaire resta troublé, mais sans offrir d'exagération dans sa course. L'oscillation du vertical, au contraire, alla croissant du 12 au 15. Le 15, elle comprenait 20 divisions. Elle diminua les jours suivants, mais augmenta à partir du 20.

Le 23, elle était de 28 divisions, et, le 26, l'aiguille fut hors d'échelle.

rances, ayant une superficie moyenne de 250$^{mm}$.

Le 25, il y avait une grande tache de 11$^{mm}$ à deux noyaux et dont la pénombre était environnée de facules très-vives.

Le 27, un nouveau groupe, qui a dû se trouver le 26 au bord, apparut. Il était beaucoup plus développé que le premier. A mesure qu'il avançait, on put mieux juger de ses dimensions absolues. Le 30, sa surface était d'environ 50$^{mm}$.

Dans les premiers jours de mai, l'activité intérieure resta considérable et les facules continuèrent à briller du plus vif éclat.

Le 8, le noyau était à 1$^{mm}$ du bord.

Le 9, la tache disparut du disque, mais elle était encore visible au spectroscope, qui montra que l'éruption n'était pas encore à sa fin.

A cette tourmente succéda un temps de repos presque absolu. Du 10 au 20, on ne vit qu'un pore et presque pas de facules.

Le 21, la chromosphère fut

Le vertical semble particulièrement se trouver sous l'influence de ce beau groupe. Son excursion fut constamment exagérée.

Le 3 mai, alors que la tache avait dépassé d'un peu le centre du Soleil, il parcourut 20 divisions.

Le 4, il alla hors d'échelle, et, le 5, la perturbation fut générale.

Le 6, le vertical fit encore 33 divisions et, le 7, il fut de nouveau hors d'échelle, ainsi que le 9 et le 10. La perturbation, quoique moins forte, se voyait aussi dans les mouvements du bifilaire et du déclinomètre.

Avec la disparition de la tache cessa le trouble magnétique, et le vertical reprit son mouvement moyen, qui est de 7 divisions environ. Du 10 au 20, la seule irrégularité fut un changement dans l'heure tropique. L'amplitude de leurs oscillations resta toujours dans les limites moyennes.

Le 21, le 22 et le 23, l'ex-

quelque peu en mouvement. Çà et là, on voyait sur le contour du disque des jets brillants. Le 23, l'activité fut plus forte; une petite tache entrait par le côté oriental et le nombre des protubérances s'éleva à dix, d'une superficie totale de 280$^{mmq}$. Du 24 à la fin du mois, il ne passa sur le Soleil que deux pores, qui se fermèrent avant même d'avoir atteint le bord occidental.

Le 2 juin, un petit groupe parut. Bien que près du bord, c'est-à-dire dans les meilleures conditions de position pour observer les facules, celles-ci étaient très-peu apparentes.

Le 5, on remarqua un changement notable. Les dimensions, de 15$^{mm}$, étaient montées à 28$^{mm}$, et l'on distinguait un grand nombre de petits noyaux.

Le 6 et le 7, le groupe crût encore, bien qu'il eût dépassé le diamètre central.

Le 12, il se trouvait sur le bord occidental, et l'on fit deux dessins de la protubérance qui le surmontait. La

cursion du bifilaire fut doublée, et, le 22, le vertical fut aussi un peu exagéré. Cette légère perturbation, qui confirme singulièrement une des conclusions énoncées par le P. Ferrari, fut suivie d'un très-grand calme.

Une nouvelle perturbation commença à se manifester dans le bifilaire le 1$^{er}$ juin. Son mouvement moyen augmenta, ainsi que celui du vertical.

Le 4, il tomba de 11 divisions et le vertical en fit 9. Le bifilaire resta agité, et, le 7, son oscillation fut de 17 divisions.

Le trouble diminua peu à peu. Le mouvement du bifilaire fut encore exagéré le 9. Le 13, la perturbation fut plus sensible dans le vertical et le 14 et le 15 les instruments furent très-réguliers. Il est digne de re-

période d'activité était décroissante, car les jets avaient peu d'élévation.

Le 16, le Soleil présenta trois groupes de facules parsemées de petits pores.

Le 17, le 18, le 19, le temps fut couvert. Le 20, un de ces groupes avait pris un très-grand développement; il montrait sept noyaux distincts. Les jours suivants il diminua avec rapidité; on ne voyait pas de facules à son pourtour, et, quand il fut au bord, il était presque complétement fermé.

Le 22, un groupe se forma au centre du Soleil; il comprenait une petite tache et une série de petits pores.

Le 25, le groupe mesurait 55$^{mm}$.

Le 27, il se trouvait près du bord, et, comme dans le cas précédent, on remarqua l'absence de facules.

marque que cette perturbation magnétique eut lieu pendant une série de très-beaux jours, durant lesquels on ne put constater aucun phénomène météorologique extraordinaire.

Le 17, le déclinomètre et le vertical furent hors d'heure, et le bifilaire, après être monté de 18 divisions dans l'après-dîner de ce jour, tomba de 20 le lendemain.

Tout d'abord, l'influence de ce groupe sur les aiguilles aimantées ne parut pas être en rapport avec son étendue; le bifilaire, à la vérité, fut irrégulier du 20 au 29, et le minimum du vertical fut presque tous les jours hors d'heure. Mais, à l'exception du 30, on ne vit pas les excursions exagérées qui coïncident avec le passage des grandes taches. On peut supposer que, malgré ses grandes dimensions, l'activité du groupe n'atteignit pas une grande profondeur, de ce

Le 30, entra sur le disque une petite tache nucléaire, d'une forme elliptique presque parfaite. Il y avait de plus un grand groupe de facules, s'étendant à l'occident, le long d'un arc de 20°, dans la région équatoriale. La partie du limbe correspondante était surmontée d'un beau buisson de flammes hydrogénées.

L'activité du Soleil pendant le mois de juillet fut insignifiante. La petite tache elliptique acheva son excursion en s'effaçant de plus en plus.

Le 11 juillet, après une interruption de deux jours, on vit sur le Soleil une petite tache, ayant noyau, pénombre et facules.

Le 13, un second centre d'activité se joignit au premier. Mais l'un et l'autre devaient durer très-peu. Le 17, on ne vit plus qu'un pore.

fait qu'il ne dura pas même le temps d'une rotation, alors que les grandes taches se représentent jusqu'à trois fois sur le disque.

Le 30, la perturbation fut la plus forte; le bifilaire parcourut $14^{\text{div}},5$.

La marche du bifilaire fut irrégulière pendant le mois de juillet, sans fournir d'excursion exagérée.

Le 3, il fit $12^{\text{div}},5$; le 11, l'irrégularité fut plus sensible et commune au déclinomètre et au vertical.

Le 13, les trois instruments furent encore troublés.

Quant aux perturbations du 15, du 16 et du 17, elles sont sans doute liées aux

Rien à constater jusqu'au 25. Ce jour, il y eut une petite éruption au bord est. La tache parut le lendemain. Elle crût sensiblement jusqu'au 30 ; elle mesurait alors $18^{mm}$.

Le calme du mois de juillet se continua pendant le mois d'août, principalement du 1er au 20.

Une observation intéressante se fit le 2 août. On vit très-distinctement dans la partie centrale du disque un groupe de facules, disposé le long de l'équateur solaire.

Le 3, elles avaient presque complétement disparu, et, à leur place, dans la région la plus avancée, près de la tache du 26, il s'était formé un petit groupe.

Les dessins du 4, du 5 et du 6 manquent.

Le 7, le groupe était arrivé au bord, et l'on put constater qu'il n'était pas encore en repos ; mais l'éruption était très-faible.

bourrasques qui passèrent alors sur Rome.

Le 25, l'excursion du bifilaire fut le double de la moyenne des huit jours précédents. L'aiguille parcourut 10 divisions. Le 30, elle en fit $13^{div},2$.

Le 2 août, le maximum du bifilaire tomba de 5 divisions.

Le 3, la perturbation fut générale. Le maximum du déclinomètre et le minimum du vertical furent en retard de deux heures, et le bifilaire n'eut que son minimum secondaire.

Le 6 août, le vertical sembla paralysé ; il parcourut à peine $3^{div}$ ; il eut un second minimum anormal à $4^{h}$. Durant cette période, rien

| | |
|---|---|
| Du 8 au 20, le temps fut magnifique. L'observation fut faite régulièrement tous les jours. La somme des aires troublées s'éleva à $2^{mm}$. | à remarquer dans les instruments magnétiques. Un léger trouble se manifesta du 12 au 16; le vertical était fréquemment paralysé. Le maximum et le minimum des divers instruments se produisaient en dehors des heures tropiques. Les deux groupes de facules qui passèrent alors sur le Soleil furent-ils la cause de cette perturbation? Toujours est-il qu'on ne constata aucun phénomène météorologique particulier, et que le temps resta très-beau. |
| Le 21, un commencement d'activité se manifesta. Une petite tache se vit presque tangente au bord, et au-dessus d'elle le P. Ferrari dessina plusieurs jets. | Le 21, le mouvement du bifilaire fut rapide et le vertical hors d'heure. |
| Le 22, cette tache était suivie d'une seconde, plus développée et contenant deux noyaux. L'ensemble présentait une aire de $15^{mm}$ et se trouvait à une distance moyenne de $7^{mm}$ de l'équateur solaire, dans l'hémisphère nord. Plus bas, sous l'équateur, à peu près à la même distance, il | Le 22, perturbation dans les trois instruments, qui dura encore le 23 pour le bifilaire. |

y avait une belle protubérance hydrogénée très-élevée.

L'agitation fut courte. Une des taches se ferma avant d'avoir achevé une demi-rotation. L'autre, qui était la plus considérable, put être suivie jusqu'au bout de sa course.

Le 2 septembre, elle était sur le bord et offrait encore quelque reste d'activité. Un temps de calme succéda. Le Soleil n'offrit plus ni taches ni facules importantes. La chromosphère seule parut un peu agitée, comme le prouvent les panaches dessinés au spectroscope.

Le 10, une petite tache se forma sur un méridien qui allait disparaître à cause de la rotation.

Le 13, il y eut une éruption un peu au-dessus de l'équateur. Le 14, tache et facules se trouvaient sur le disque; on ne distinguait encore qu'un noyau; le 15, on en voyait cinq.

Le bifilaire resta agité. Son excursion moyenne fut de 12 divisions et souvent il était hors d'heure.

Le 2 septembre, le maximum du bifilaire correspondait au degré 115 de l'échelle; le 3, il tombait à 104.

Le 10, le bifilaire fit 10 divisions. Il fut hors d'heure, ainsi que le déclinomètre. Le vertical était paralysé.

Le 13, le vertical seul fut sensiblement agité. Le 14, le trouble se fit sentir encore sur le bifilaire. La perturbation fut maximum le 16; elle affecta tous les instruments.

Le 17, le bifilaire fit encore 16$^{\text{div}}$; le 18, le vertical des-

Une autre éruption se produisit le 18, malheureusement au bord occidental.

Le 29, après une interruption de plusieurs jours, un petit groupe était sur le disque. Sa position avancée indiquait une formation récente.

Le 1er octobre, formation d'un groupe qui, réduit le 1er à trois pores, mesurait, le 3, 11mm.

Les dessins du 5, du 6, du 7 révèlent plus d'activité dans la partie occidentale de l'astre. Trois groupes s'y développaient; leur superficie augmenta chaque jour, malgré l'effet de perspective qui devait la restreindre.

Du 10 au 17, ciel couvert.

Le 18, deux groupes de facules d'un grand éclat étaient à l'orient. Elles contenaient des petits pores à peine visibles.

L'agitation augmenta. Le 19, un d'eux formait une petite tache de 5mm.

cendit fortement et les trois aiguilles furent hors d'heure. Le bifilaire resta plus ou moins irrégulier.

Le 26, sa course devint ascendante; il monta jusqu'au 29. Le 29, petite perturbation dans les trois instruments. Le 30, elle fut plus considérable.

Les bourrasques qui passèrent sur Rome pendant le mois d'octobre influencèrent probablement les mouvements des aiguilles; mais l'action de l'activité solaire y est encore frappante.

Le 2 octobre, il y eut une perturbation sensible, surtout dans le bifilaire, qui fit une excursion de 17div,5.

Le 5, il y en eut une dans le déclinomètre et le bifilaire. Le 6, elle fut générale et persista, le 7, dans le bifilaire et le vertical.

Le 17, le bifilaire ne fit que 3div,8, et le déclinomètre et le vertical furent hors d'heure.

Le 18, l'oscillation du bifilaire se réduisit à 3div,6, et, le 19, à 2div,2. Celle du

Nouvelle interruption.

Le 25, une belle tache était entrée sur le disque. Elle mesurait 13mm, quoique très-près du bord. Elle avait deux noyaux, et la pénombre était particulièrement nette. Le 28, la tache avait dépassé le $\frac{1}{6}$ du rayon; elle était formée de trois grands noyaux, et sa superficie mesurait 35mm.

Le 1er novembre, il y eut recrudescence. On vit ce jour quatre noyaux, bien que la tache se trouvât tout près du bord occidental.

Temps contraire aux observations.

Le 13, on réussit à prendre l'image du Soleil; il n'y avait que quelques facules au bord occidental.

Le 17, apparition d'une tache qui fut le commencement d'une période plus active. Le 18, la tache était un petit groupe de 8mm. Le 19, une seconde se forma à l'improviste. Deux autres succédèrent et le 24, der-

vertical fut 3div,1 et 3div,2.

Le 24, nouvelle perturbation du bifilaire, de même caractère que la précédente; l'aiguille oscilla entre 2div,5. Le soir, le vertical fut à son tour agité, et le 25 commença une série de perturbations, qui affecta plus ou moins tous les instruments. La plus forte eut lieu le 28.

Le 1er novembre, l'oscillation du bifilaire fut de 13 divisions. Le 2, elle fut plus grande et l'aiguille descendit de 20 divisions. Le déclinomètre en parcourut 8; or, la moyenne de cette saison est 3 divisions.

Du 4 au 10, marche régulière.

Le 11, légère perturbation dans le bifilaire. Le 12, elle gagna le déclinomètre et le vertical.

Le bifilaire resta irrégulier, à l'exception du 21. Le caractère de sa perturbation fut d'avoir le maximum et le minimum hors d'heure. Le 21, jour de l'apparition des deux derniers groupes, il fit 11 divisions (la

nier jour du mois où l'on put faire l'observation, leur ensemble mesurait 30$^{mm}$ et contenait quinze noyaux.

Les dessins manquent jusqu'au 7 décembre.

Le 7 et le 8, quelques facules sans importance.

Le 11, le 12 et le 13, la chromosphère est agitée en différents endroits. Dans la région ordinaire des facules, les *buissons* d'hydrogène étaient nombreux, mais d'un pâle éclat.

Le 14, deux jets élevés et très-vifs sont observés et dessinés. Le 15, une tache de la forme nucléaire entre sur le disque et se développe rapidement. Le 19, elle offre une superficie de 27$^{mm}$ et les facules qui l'accompagnent sont éclatantes. En même temps que se développe la tache principale, plusieurs pores se forment à l'improviste, quelques-uns s'entourant de nombreuses facules. Enfin, des pores apparaissent le 26 et deviennent taches le 27.

moyenne du mois est 5$^{dlv}$,96).

Le 6 décembre, le bifilaire fit encore une grande excursion. Il fut généralement irrégulier jusqu'au 23. La courbe est la plus irrégulière le 16, le 17 et le 18.

Le 18, aurore boréale à Saint-Pétersbourg. Celle-ci coïncida avec l'époque où la tache présentait ses plus grandes modifications. Le 19, le noyau principal était divisé et les deux parties séparées par un pont lumineux très-brillant.

Le 23 et le 24, les instruments furent tranquilles. Le 25, la perturbation recommença ; le 26, l'oscillation du bifilaire fut très-large. Après une série de petits mouvements, il monta de 19 divisions et resta troublé toute la fin de décembre.

« Les résultats de ce parallélisme s'imposent, ajoute M. Spée. Les deux plus fortes perturbations magnétiques de l'année, celles de fin avril et de fin mars, coïncident avec les plus grandes taches, c'est-à-dire ont lieu lorsque l'activité du Soleil est maximum ; les unes et les autres grandissent et faiblissent en même temps. D'autre part, les mouvements de l'aiguille sont d'autant plus réguliers que le calme de la masse solaire est plus complet. Entre ces deux limites extrêmes, les oscillations irrégulières sont plus ou moins accentuées, selon que la chromosphère et la photosphère sont elles-mêmes plus ou moins agitées. Quelques-unes de ces perturbations magnétiques éclatent en l'absence de toute perturbation météorologique : pas de variations brusques dans la température, pas de changements soudains dans la direction des courants atmosphériques, pas de sauts dans la hauteur barométrique..., ce qui force à chercher en dehors de l'atmosphère l'origine de ces agitations mystérieuses. Enfin cette coïncidence n'est pas un fait isolé, propre à l'année 1875, mais elle se retrouve dans les années antérieures. Seulement, la rareté relative de ces phénomènes, dans l'année 1875, rend la coïncidence plus frappante.

» Si l'hypothèse que nous soutenons ici est vraie, il faut que les oscillations extraordinaires se produisent en tous lieux, modifiées tout au plus par des circonstances locales, dépendant soit de la latitude, soit de phénomènes météorologiques restreints. Mais, la marche de l'aiguille dans les différents lieux du globe étant généralement connue, l'oscillation extraordinaire doit pouvoir se retrouver. Or, il en est ainsi. Les résultats auxquels sont parvenus Sabine et Loomis, en analysant les observations magnétiques de Kew et de Prague, résultats que les travaux du P. Secchi ont pleinement confirmés, sont connus de tous les physiciens. Le même parallélisme existe entre les courbes de Toronto, de Hobart-Town, de Washington, de Munich. En comparant les perturbations de 1872 notées à Rome avec celles qui s'étaient produites à la Havane, le P. Ferrari a trouvé une concordance extraordinaire.

» A l'appui de notre hypothèse concourent aussi les travaux de M. Tacchini sur la relation existant entre les aurores boréales (dont la connexion avec le magnétisme terrestre est depuis longtemps constatée) et les protubérances solaires. L'habileté de M. Tacchini dans la reproduction fidèle des formes si variées qu'affectent les protubérances est connue, et l'autorité dont il jouit dans tout ce qui concerne les études spectroscopiques est justement établie. A la suite de nombreuses et délicates observations, ce savant astronome a été conduit à croire que les aurores polaires sont moins liées à la présence des taches solaires qu'à la formation de certaines protubérances. Celles-ci diffèrent des protubérances en général en ce qu'elles sont plutôt le résultat de modifications spéciales s'accomplissant dans la partie la plus basse de l'atmosphère solaire que d'un soulèvement de la chromosphère ou d'un transport de matières, provoqué par des courants externes. La mobilité excessive de ces appendices lumineux, la rapidité de leur formation et de leur disparition, la forme rayonnante qu'ils montrent quelquefois et leur extrême vitesse lui sont une preuve que ces phénomènes sont de véritables décharges électriques, et il n'hésite pas à les comparer aux aurores terrestres. Les grands changements dans l'état électrique du Soleil doivent produire, selon lui, un effet sur l'état électrique de la Terre, et de l'observation de ces aurores solaires il lui est arrivé de prédire l'apparition d'une aurore terrestre, prédiction plus d'une fois réalisée.

» Devant cet ensemble de faits qui marchent tous d'accord, qui embrassent un si grand nombre d'années et qui ont été constatés par d'éminents observateurs dans des lieux de la Terre très-éloignés les uns des autres, l'influence du Soleil, ou mieux celle de l'état physique de sa surface sur les phénomènes magnétiques, doit être considérée comme démontrée, et l'on peut se demander comment s'exerce cette influence.

» On admet que les phénomènes magnétiques, ainsi que les courants électriques, sont le résultat de mouvements qui s'accomplissent au sein de cette substance subtile et impondérable, pénétrant tous les corps, remplissant les espaces interstellaires, et appelée *éther*. Les aimants nous montrent que le fluide éthéré a, comme l'eau de la mer, ses mouvements réguliers, *son flux* et *son reflux*. Comme elle encore, il se trouve parfois violemment agité et ses mouvements tumultueux sont de véritables tempêtes magnétiques.

» L'agitation qui éclate tant à la surface du Soleil que dans son atmosphère peut rompre directement l'équilibre de l'éther du monde planétaire, et cette rupture peut se manifester à nous sous la forme de l'oscillation de l'aiguille. Mais l'agitation solaire pourrait se borner à produire des réactions calorifiques et chimiques dans l'atmosphère des planètes, réactions qui, à leur tour, donneraient naissance à des courants électriques divers. L'action du Soleil serait alors indirecte, et cette seconde hypothèse s'accorde mieux que la première avec les caractères spéciaux et constants que présentent certains phénomènes électriques, les aurores boréales par exemple. »

En résumé donc, et en dehors de toute hypothèse, on voit que les observations concordent en faveur d'une correspondance réelle entre l'état du Soleil et le magnétisme terrestre. Les détails qui précèdent ont pu paraître un peu longs et un peu minutieux; mais la question est si intéressante que nous n'avons rien voulu négliger pour rassembler tous les éléments de la discussion.

Plusieurs autres coïncidences curieuses plaident aussi avec éloquence en faveur d'une connexion intime entre le Soleil et le magnétisme terrestre. Voici, par exemple, un fait bien remarquable. Le 1$^{er}$ septembre 1859, deux astronomes, Carrington et Hodgson, observaient le Soleil indépendamment l'un de l'autre : le premier sur un écran qui recevait l'image du Soleil et de ses taches, le second directement dans une lunette, lorsque, tout d'un coup, un éclair plus brillant que le soleil éclata au milieu d'un groupe de taches. Cette lumière scintilla pendant cinq minutes au-dessus des taches, sans modifier la forme de ces taches et comme si elle en avait été tout à fait indépendante; et pourtant elle devait être l'effet d'une conflagration prodigieuse arrivée dans l'atmosphère du Soleil. Chaque observateur constata le fait séparément et en fut un instant ébloui. Or voici la coïncidence surprenante : au moment même où le Soleil parut ainsi enflammé dans cette région, les instruments magnétiques de l'Observatoire de Kew, près de Londres, manifestèrent une agitation étrange, l'aiguille de déclinaison parut affolée. Mais ce n'est pas tout : une partie de la Terre a été ce jour-là enveloppée des feux d'une aurore boréale en Europe comme en Amérique. Le 1er et le 2 septembre, on signala des aurores presque partout : à Rome, à Calcutta, à Cuba, en Australie et dans une grande partie de l'Amérique du Sud. Ces aurores furent accompagnées de violentes perturbations magnétiques, et sur plusieurs points les lignes télégraphiques cessèrent de fonctionner. — Comment ne pas associer l'un à l'autre ces deux événements si curieux?

Autre fait non moins remarquable. Le 7 juillet 1872, à 3h30m (heure de Rome), le P. Secchi observa une explosion gigantesque survenue au bord du Soleil. Or une tempête magnétique s'est manifestée à Greenwich, à 5h, précisément le même jour. Les indications ont commencé à ce moment, avec une soudaineté et une force extraordinaires, sur tous les indicateurs magnétiques, notamment sur l'aiguille de déclinaison, sur le magnétomètre de force horizontale, sur le magnétomètre de force verticale, sur le fil du courant de terre, dans une direction à peu près nord-est et sud-ouest, ainsi que sur le fil du courant de terre, dans une direction approximative nord-ouest et sud-est. La perturbation dura, tout en diminuant par degrés, jusqu'au soir du 9 juillet. Pendant une partie du temps, elle fut accompagnée de lueurs aurorales.

En rapportant cette tempête, M. Airy ajoute :

« Je ne veux pas me hasarder sur la question du plus ou moins de connexité qu'il pouvait y avoir entre l'explosion solaire et la tempête magnétique terrestre; mais je ferai remarquer que si pareille connexité existe, la transmission de l'influence du Soleil à la Terre doit avoir employé $2^h 20^m$, ou plus longtemps, si le P. Secchi n'a pas vu le commencement réel de l'explosion. Si ce point venait à être établi, ce serait un fait cosmique important. Et, en tout cas, la notification de ce retard apparent peut diriger l'attention des observateurs de phénomènes semblables, à l'avenir, vers un nouvel élément d'interprétation. »

L'étude du rapport entre les variations diurnes du magnétisme terrestre et le Soleil a été faite en Italie sous une autre forme, par M. Diamilla Muller. Ce physicien proposa, en 1870, d'observer, de dix en dix minutes, pendant vingt-quatre heures, sur toute la surface du globe, la marche de l'aiguille aimantée.

L'observation a eu lieu à partir de minuit du 29 à minuit du 30 août 1870, temps moyen de Paris, dans près de 250 stations, dont 125 dans l'hémisphère boréal et 138 dans l'hémisphère austral. Partout on a observé l'aiguille de déclinaison, et, dans les stations où l'on possédait les instruments nécessaires, on a observé aussi l'inclinaison et l'intensité. Dans quatre stations, on s'est servi, comme contrôle, des instruments à enregistrement photographique : ces observations donnent une série de plus de 36000 données. Voici les faits qui paraissent en ressortir :

1° La marche des variations diurnes de l'aiguille

aimantée se répète successivement sur toute la surface du globe suivant le temps local, c'est-à-dire que les variations magnétiques se produisent sous une forme identique, en suivant la marche du Soleil;

2° L'amplitude de ces variations, ou, pour mieux dire, la valeur angulaire de ces variations augmente de l'équateur aux pôles; on voit se répéter toutes les ondulations;

3° Les courbes graphiques indiquent au premier coup d'œil la différence de longitude des lieux de l'observation, et elles deviennent presque parallèles si on les rapporte au méridien du lieu de l'observation;

4° Dans les observations de la déclinaison absolue, la variation annuelle sur toute la surface du globe augmente ou diminue proportionnellement, suivant la valeur de l'angle formé par l'aiguille avec le méridien astronomique; cette variation annuelle est de 2′ près de la ligne zéro, ou sans déclinaison, et elle est de 7′ dans les points où la déclinaison magnétique est égale à 14°; cette proportion se montre symétriquement à droite et à gauche de la ligne sans déclinaison, c'est-à-dire pour les points où la déclinaison est orientale et pour ceux où elle est occidentale;

5° Il serait très-utile, pour la navigation, de corriger les cartes magnétiques de l'Amirauté anglaise.

A la suite de cette observation simultanée du 30 août, l'auteur a proposé de suivre avec la plus grande attention les variations de l'aiguille aimantée à l'occasion de l'éclipse totale de Soleil du 22 décembre 1870.

Pour bien déterminer la marche de l'élément magnétique dans les différentes stations, il avait pris soin d'établir une série d'observations horaires pendant vingt jours avant l'éclipse. Ces observations sont devenues continues, c'est-à-dire de deux en deux minutes, la veille, le jour de l'éclipse et le lendemain. De cette manière, les précautions nécessaires étaient prises contre toute espèce de malentendu ou de surprise.

La marche régulière de l'aiguille aimantée était : *minimum* de déclinaison, de minuit à $2^h$ du matin; *maximum*, de midi à $2^h$, en décrivant entre ces deux extrêmes une courbe régulière, dont l'amplitude variait de $10'$ à $16'$.

Pendant les heures de l'éclipse, l'aiguille aimantée aurait dû, en suivant cette marche régulière, constatée pendant vingt jours consécutifs, se trouver dans sa période ascendante, c'est-à-dire que la déclinaison devait augmenter, de l'est à l'ouest, jusqu'à son maximum, vers $2^h$ de l'après-midi.

« Au lieu de cela, dit l'auteur, aussitôt constaté le premier contact de la Lune et du Soleil, le mouvement ascensionnel de l'aiguille s'arrêta tout à coup, rebroussa chemin, et, la valeur de la déclinaison diminuant au fur et à mesure que le disque du Soleil s'éclipsait, on arriva au *minimum* de déclinaison à $1^h 58^m$ (temps moyen de Terranova, lieu de l'observation), juste au moment de la totalité de l'éclipse, quand la déclinaison aurait dû être à son *maximum*.

» A partir de ce moment jusqu'au dernier contact, c'est-à-dire au fur et à mesure que le Soleil reparaissait, commença de nouveau le mouvement ascensionnel de l'aiguille, qui, à la fin de l'éclipse, se retrouva exactement dans la même position qu'elle avait abandonnée au commencement du phénomène.

» Le lendemain, l'aiguille avait repris sa marche régulière.

» Ce phénomène, observé en Sicile par moi, a été constaté à Naples, au Collége Romain, à Florence, à Bologne, à Gênes et à Moncalieri.

» Par conséquent, pendant l'éclipse du Soleil du 22 décembre 1870, la marche des variations diurnes a été intervertie. La grandeur de cette intervention diminue à mesure que l'on s'éloigne de la ligne de la totalité. »

Cette question avait déjà été étudiée en France, dès 1847, par M. Moïse Lion, qui adressa cette année-là à l'Académie des Sciences un Mémoire intitulé : *Magnétisme terrestre ou Nouveau principe de Physique céleste*, dans lequel l'auteur annonçait que la force directrice du globe variait probablement pendant les éclipses de Soleil.

Il puisait cette opinion dans les résultats que lui avait fournis la discussion de toutes les variations périodiques bien déterminées des divers éléments du magnétisme terrestre, déclinaison, inclinaison, intensité et aurores boréales, résultats exprimés dans cette proposition :

*Le Soleil agit sur la Terre comme un aimant sur un globe de fer, c'est-à-dire comme un solénoïde colossal sur un corps magnétique ; son action directe et simultanée sur notre globe et sur l'aiguille aimantée produit les principales ou plutôt toutes les variations périodiques du magnétisme terrestre.*

Quatre années plus tard, pendant la durée de

l'éclipse de Soleil visible dans sa totalité à Dantzig (le 28 juillet 1851), M. Lion fit osciller une aiguille aimantée à Beaune et trouva que le nombre des oscillations, qui n'était que de 31 ½, puis 32, avant l'éclipse totale, s'éleva à 33 pendant la conjonction, puis redescendit à 32 et 31 ½. Il envoya ce résultat à l'Académie; Arago, attribuant les variations à des courants d'air, n'inséra les détails de l'expérience et le nombre des oscillations que lorsque M. Lion, assisté de deux collègues, eut refait l'observation pendant l'éclipse (invisible en Europe et visible dans l'Océanie, entre le cap Horn et le cap de Bonne-Espérance) du 21 janvier 1852, et trouvé encore une augmentation de l'intensité magnétique du globe.

Le 17 juin suivant, des observations furent faites à l'Observatoire de Paris et aussi à Beaune : les résultats furent négatifs, comme l'annonça le Rapport d'Arago, inséré dans les *Comptes rendus* du 14 mars 1853, et il n'y eut plus d'autre vérification faite cette année-là. Enfin, pendant l'éclipse du 6 juin 1853, des observations comparatives eurent lieu à Paris et à Beaune, et cette fois les résultats furent discordants. L'Académie ne s'occupa plus de la question; mais, dans la séance du 11 juin 1853, elle accusa réception d'un document envoyé par M. Lion, à ce sujet, et d'une Note de M. de Cuppis relative à des observations faites sur le même sujet par trois savants italiens.

M. Lion paraît s'être désintéressé de la question jusqu'en 1871, époque à laquelle, se trouvant à Alençon, il examina, pendant l'éclipse de Soleil du 11 décembre, si quelques manifestations seraient visibles sur l'aiguille aimantée. Il ne constata aucune espèce de variation, ce qu'il attribua à l'insuffisance de la boussole dont il se servait.

Il paraît en avoir été autrement au Bureau télégraphique de la même ville, où M. Triger, inspecteur, et MM. Grard et Laisement ont cherché à reconnaître si, pendant l'éclipse, des courants électriques traverseraient les conducteurs télégraphiques préalablement mis en communication avec la Terre à leurs deux extrémités.

Un galvanomètre à aiguilles astatiques, détaché d'un appareil de Melloni, appartenant au lycée, ayant été introduit dans le circuit télégraphique, éprouva les perturbations suivantes :

De $2^h 3^m$ à $2^h 7^m$ du matin, oscillations très-prononcées, variant entre zéro et $10°$ à l'ouest.

De $3^h 0^m 5^s$ à $3^h 2^m 15^s$, mouvement d'oscillation s'étendant jusqu'à $8°$ à l'ouest.

De $4^h 5^m$ à $4^h 6^m$, légères oscillations s'étendant à $2°$ à l'ouest.

De $4^h 30^m$ à $4^h 31^m$, nouvelles légères oscillations s'étendant à $2°$ à l'ouest.

De $3^h 54^m$ à $3^h 55^m$, écart de $1°$ à l'ouest.

De $6^h 4^m$ à $6^h 5^m$, oscillations s'étendant jusqu'à $30°$ à l'ouest.

De $6^h 9^m$ à $6^h 12^m$, oscillations s'étendant jusqu'à $5°$ à l'ouest.

En dehors de ces intervalles de temps, on ne remarqua ni agitation ni déviation de la boussole.

Ces oscillations étaient-elles dues à l'éclipse ? Michez, directeur de l'Observatoire de Bologne, a comparé entre elles les observations faites à Greenwich, pendant toutes les éclipses, visibles ou non visibles, comprises entre la période de 1842 à 1847, et à l'occasion des éclipses visibles des 15 mars 1858, 18 juillet 1860, 19 octobre 1865, 8 octobre 1866 et 5 mars 1869.

De ce travail, que l'on peut du reste très-facilement contrôler, il résulterait une certaine probabilité en faveur de l'action des conjonctions écliptiques sur le magnétisme terrestre.

En effet, tant pour les éclipses visibles que pour les invisibles, l'aiguille de déclinaison à Greenwich a été écartée généralement de sa position moyenne.

Dans le but de reconnaître si les variations extraordinaires de la déclinaison de l'aiguille aimantée, observées en Italie à l'occasion de l'éclipse de Soleil du 22 décembre 1870, se sont répétées pendant l'éclipse qui a eu lieu le 12 décembre 1871, M. D. Muller a fait faire des observations analogues à Batavia et à Buitenzorg, île de Java, pendant cette dernière éclipse.

A Buitenzorg (6°35'45" lat. sud, 106°47'22" long. est de Greenw., 265$^{m}$ au-dessus du niveau de la mer), l'éclipse devait être totale ; à Batavia (6° 11'0" lat. sud, 106°49'45" long. est de Greenw., 7$^{m}$ au-dessus du niveau de la mer), la grandeur de l'éclipse devait être 0,992, le diamètre du Soleil étant 1. La ligne centrale passait à une distance de 59 kilomètres de Buitenzorg et de 102 kilomètres de Batavia. Batavia et Buitenzorg étaient donc deux stations très-bien situées pour faire les observations.

Pendant les heures de l'éclipse, l'aiguille aimantée devait, en suivant sa marche normale, se mouvoir régulièrement de l'ouest à l'est ; et, si les variations extraordinaires observées en Italie le 22 décembre 1870 se répétaient à Java le 12 décembre 1871, une grande déviation de la marche normale devait être trouvée en comparant les directions des aiguilles observées à $9^h 5^m$ et à $12^h 5^m$ avec la direction observée à $10^h 30^m$.

Or il résulte des observations faites le 12 décembre de cinq en cinq minutes, que pendant l'éclipse la marche de l'aiguille ne s'est pas écartée beaucoup de sa marche normale ; l'aiguille s'est mue presque régulièrement de l'ouest à l'est ; à Batavia seulement, une fois, un mouvement de 0',2 vers l'ouest a été observé ; à Buitenzorg, l'aiguille a exécuté deux fois un mouvement rétrograde de 0', 1, deux fois de 0', 2.

Les observations de la déclinaison de l'aiguille aimantée faites à Batavia et à Buitenzorg en décembre 1871 ont donc conduit au résultat que l'éclipse de soleil du 12 décembre 1871 n'a pas exercé la moindre influence sur la marche de l'aiguille aimantée ni à Batavia, où la grandeur de l'éclipse était 0,992, ni à Buitenzorg, où l'éclipse était totale.

L'examen le plus attentif de l'aiguille aimantée faite pendant la même éclipse à Bombay, par M. Chambers, et à Trevandrum, par M. Allan Broun, conduisit aux mêmes résultats négatifs.

M. Diamilla Muller a repris néanmoins l'étude du phénomène à l'occasion de l'éclipse partielle de soleil du 26 mai 1873.

La marche diurne de l'aiguille de déclinaison n'a présenté, comme direction, aucune espèce d'anomalie.

Toutefois, quelque temps avant l'éclipse, il s'est

produit un fait digne d'attention. Les oscillations de la barre aimantée du magnétomètre avaient une amplitude de dix parties de l'échelle, qui correspondent à 21′52″ d'arc. La durée de ces oscillations était en moyenne de 20 secondes. Quelque temps avant le commencement de l'éclipse, l'aiguille s'est arrêtée brusquement, demeurant immobile pendant environ trois quarts d'heure; ensuite elle reprit ses oscillations, très-petites d'abord, ayant une amplitude de 2 minutes à peine (moins d'une partie de l'échelle) et une durée double de la moyenne.

Cette tranquillité subite de l'aiguille aimantée à l'approche de l'éclipse a été déjà remarquée, lorsque même le phénomène solaire est invisible; mais l'auteur pense qu'on devrait l'attribuer à la position spéciale des trois corps célestes, le Soleil, la Terre et la Lune, plutôt qu'à l'éclipse. Il serait intéressant de vérifier le fait en examinant avec soin le mode d'oscillation de l'aiguille aimantée à l'approche de l'heure de chaque nouvelle Lune...

## Problème ouvert.

Les expériences de M. Cornu sur le spectre solaire conduisent d'autre part à d'intéressantes conclusions sur les rapports du Soleil avec le magnétisme.

L'étude des radiations solaires est, sans contredit, l'une des branches les plus fécondes de l'Optique et l'une des sources les plus précieuses de nos connaissances sur la constitution du Soleil. Bien que cette étude ait été déjà poussée fort loin par des physiciens éminents, elle offrira encore longtemps un champ fertile d'explorations et conduira à des points de vue nouveaux et à des rapprochements inattendus.

Le travail de M. Cornu est la continuation du beau Mémoire d'Angström sur le *Spectre normal du Soleil* et son extension au delà du spectre visible, auquel le savant suédois s'était arrêté. Il s'étend sur la partie ultra-violette de ce spectre.

L'étendue du spectre varie dans le même sens que la hauteur du Soleil au-dessus de l'horizon. L'expérience montre que le maximum d'étendue se présente entre $11^{h}$ du matin et $1^{h}30^{m}$ de l'après-midi.

Comme on devait s'y attendre, c'est à l'époque du solstice d'été qu'on obtient le *maximum maximorum* d'étendue du spectre : par des observations effectuées à cette époque de l'année, l'auteur a pu étendre sa description jusqu'à la raie U; mais ce qu'on ne pouvait guère prévoir, c'est l'étendue qu'on obtient encore en hiver, même dans l'atmosphère embrumée de Paris à l'époque du solstice d'hiver; des clichés ont donné, un peu après midi, des impressions photographiques qui atteignent presque la raie T.

Il résulte de ces faits la conséquence très-curieuse qu'à égalité de hauteur du soleil, le spectre solaire observé est notablement plus étendu en hiver qu'en été. Ce résultat s'explique d'une manière très-simple, si l'on attribue à la vapeur d'eau contenue dans l'atmosphère le pouvoir absorbant qui limite le spectre solaire ultra-violet. En effet, la quantité de vapeur d'eau contenue par mètre cube dans l'atmosphère est beaucoup plus grande en été qu'en hiver. Si l'on adopte l'état hygrométrique moyen 0,75, la pression moyenne $760^{mm}$, la température zéro pour le solstice d'hiver et 30° pour la température moyenne à midi au solstice d'été, on trouve respectivement $3^{gr},6$ et $25^{gr},0$, c'est-à-dire qu'il existe près de sept fois plus de vapeur d'eau dans les basses régions de l'atmosphère terrestre en été qu'en hiver.

Cette action de la vapeur d'eau sur les radiations solaires a d'ailleurs été invoquée par plusieurs physiciens (Angström, Janssen) dans l'étude du spectre visible, pour l'explication des raies et bandes désignées quelquefois sous le nom de *raies atmosphériques*. Dans le spectre ultra-violet, cette absorption ne paraît pas localisée sous forme de raies ou de bandes; elle se continue sans maxima appréciables.

Cette description des raies sombres du spectre solaire a été complétée par l'étude comparative des raies brillantes des vapeurs métalliques; les résultats obtenus paraissent d'un grand intérêt au point de vue de l'Astronomie physique.

On sait que dans le spectre visible du Soleil la presque totalité des raies sombres correspond exactement à des raies brillantes des spectres des vapeurs métalliques; ce renversement dans l'apparence des raies n'est qu'un effet de contraste et s'explique par l'existence sur le Soleil d'une couche de vapeurs à une température relativement basse, absorbant partiellement les radiations du spectre continu d'un fond plus brillant. L'étude comparative de ces spectres a constitué une vraie méthode d'analyse qualitative et a conduit à mettre hors de doute l'existence sur le Soleil d'un certain nombre d'éléments chimiques terrestres.

L'extension de cette étude aux raies sombres du spectre ultra-violet, en agrandissant le champ de comparaison, permet d'aller plus loin dans cette voie et d'aborder, jusqu'à un certain point, l'analyse quantitative des éléments de cette couche absorbante, à l'action de laquelle les raies sombres du spectre solaire sont attribuées.

On remarque tout d'abord que les groupes de raies intenses sont inégalement répartis sur toute l'étendue du spectre solaire : la partie la moins réfrangible n'en contient à peu près aucun (en mettant à part les bandes et raies atmosphériques); ce n'est qu'à partir du bleu indigo que commencent les groupes sombres dont le groupe G est un type; on rencontre ensuite les deux raies H, K, larges et estompées, qui se détachent sur un fond relativement clair, puis les groupes très-sombres LMNOP; au delà vient un espace plus clair encore, sur lequel se détache la raie Q, puis les groupes voisins de R et de *r*; un nouvel espace assez brillant conduit aux groupes sombres STU.

L'examen comparatif des spectres des vapeurs métalliques montre de primo abord que ces masses de raies sombres correspondent en général aux raies brillantes du spectre de la vapeur de fer, qui comprend à lui seul la presque totalité des groupes GLMNOQSTU et plusieurs des groupes voisins de R.

Les deux grosses raies H et K correspondent au calcium, ainsi que deux raies analogues constituant R et le groupe compris entre R et *r*.

C'est au nickel que se rapportent la plupart des raies importantes comprises entre O et P, ainsi qu'un nombre très-notable de raies dans la région STU.

Les autres métaux magnétiques, cobalt, manganèse, chrome, fournissent des raies de moindre importance; le titane présente un très-grand nombre de coïncidences, mais avec des raies en général très-faibles, excepté entre Q et R, où leur importance est plus grande; l'étain offre des coïncidences qui, malgré leur petit nombre, paraissent non équivoques.

Le magnésium fournit quatre raies triples d'apparence identique. L'aluminium donne deux raies fort nettes entre H et K, et deux autres analogues entre S et T. Le sodium, qui produit la raie D du spectre visible, ne donne, dans l'ultra-violet, qu'une raie double assez pâle entre P et Q. Enfin, le glucinium paraît être représenté par quelques raies faibles.

Tels sont, en y joignant l'hydrogène, qui donne quatre raies sombres, les éléments chimiques fournissant les coïncidences les plus remarquables avec les raies du spectre solaire.

Le caractère général des groupes de raies sombres du spectre solaire correspondant à un même métal est de présenter une intensité relative tout à fait en rapport avec l'éclat des raies brillantes correspondantes du spectre métallique; il y a donc une véritable proportionnalité entre le pouvoir émissif des vapeurs métalliques incandescentes et leur pouvoir absorbant, ce qui est d'ailleurs la base de l'explication du renversement des raies solaires (Foucault, Angström, Stockes, Kirchhoff). Si l'on joint à cette remarque la considération de l'éclat intrinsèque moyen du spectre de chaque élément chimique dans les régions à comparer, on arrive à conclure que l'intensité des raies sombres du spectre solaire est caractéristique de la quantité relative des différentes vapeurs métalliques qui, à la surface du Soleil, sont la cause de ces raies sombres. L'établissement d'une méthode d'analyse quantitative fondée sur ces considérations exigerait encore bien des efforts ; mais, si l'on cherche seulement à se rendre un compte approché de la composition de cettte couche absorbante qui forme l'enveloppe extérieure du Soleil, les observations présentes suffisent pour une première approximation.

Dans cette manière de voir, la vapeur de fer serait de beaucoup plus abondante, à cause du nombre et surtout de l'intensité des raies sombres qui lui correspondent dans le spectre solaire.

Le nickel et le magnésium viendraient en second lieu ; le calcium, dont le spectre possède un éclat intrinsèque si grand pour les deux raies HK qui le caractérisent, doit entrer dans une proportion moindre que l'intensité de ces raies ne pourrait le faire supposer ; viennent ensuite l'aluminium, le sodium et l'hydrogène, enfin le manganèse, le cobalt, le titane, le chrome et l'étain.

Telle serait approximativement la liste, par ordre de quantité, des éléments volatilisés à la surface du Soleil. En examinant cette liste, où le fer, le nickel et le magnésium jouent un si grand rôle, on est immédiatement frappé de l'analogie de cette composition avec celle des aérolithes, dont la majeure partie est formée de fer allié à $\frac{1}{10}$ de nickel : dans les fers météoriques, cet alliage est presque pur ; dans les météorites pierreuses, le fer nickelé est mêlé à des silicates magnésiens de compositions diverses.

Cette étude du spectre conduit donc à la conclusion suivante : *La position et l'éclat relatif des raies sombres du spectre solaire s'expliquent par l'action d'une couche absorbante existant sur le Soleil, couche dont la composition serait analogue à celle d'aérolithes volatilisés.*

Les conséquences de ce fait, révélé par l'analyse spectrale des radiations solaires, touchent d'une manière directe aux grands problèmes de la Physique cosmique et de l'Astronomie; M. Cornu les indique dans la conclusion suivante.

1° *Probabilité d'une action magnétique directe sur e Soleil.* — Si la couche extérieure du Soleil contient, comme les aérolithes, une proportion considérable de vapeurs de fer, la masse absolue de ce métal répartie sur la surface de cet astre énorme doit être très-grande et doit exercer une action appréciable sur les phénomènes magnétiques terrestres.

On pourrait objecter que le fer, porté à l'incandescence, perd son action attractive sur l'aiguille aimantée; cette diminution rapide avec la température a, en effet, été constatée, mais il n'est aucunement prouvé que ce qui reste du pouvoir magnétique soit rigoureusement nul; il suffirait que le magnétisme spécifique de la vapeur de fer fût de l'ordre de l'attraction newtonienne, pour que l'influence de la masse ferrugineuse du Soleil fût encore très-appréciable sur la Terre.

Dans cette manière de voir, les variations diurnes de l'aiguille aimantée seraient dues à l'action magnétique directe du Soleil. Cette opinion, d'ailleurs, n'est pas nouvelle ; elle a été soutenue par des physiciens éminents, en particulier par le général Sabine, dans sa belle publication des observations magnétiques organisées par lui à la surface du globe. La relation des variations moyennes avec la position du Soleil aux diverses heures du jour et aux différentes latitudes ressort, avec une évidence manifeste, de la discussion des observations. Par des considérations d'un tout autre ordre, la spectroscopie apporte une confirmation de cette opinion.

2° *Probabilité en faveur de l'hypothèse de l'aimant terrestre.* — La présence d'une quantité considérable de fer dans la composition du Soleil conduit à se demander si cette particularité est purement accidentelle ou si tous les corps du système solaire (et peut-être tous les corps sidéraux) n'auraient pas une origine commune qui se révélerait par la présence, dans une proportion notable, du fer que le spectroscope a décelé dans l'enveloppe extérieure du Soleil.

Le globe terrestre présente en faveur de cette idée un argument bien sérieux : en effet, la densité moyenne du globe, égale à 5,5, est le double à peu près de la densité moyenne des éléments qui en forment la croûte superficielle ; on est donc forcé d'admettre, vu la haute température probable des couches intérieures, que la partie centrale de la Terre est constituée par des matières beaucoup plus denses que les matériaux pierreux, conséquemment par des masses métalliques. Si, d'autre part, on considère la force directrice de l'aiguille aimantée sur les différents points du globe et la symétrie approchée de l'ensemble de ses positions avec certains grands cercles de la sphère terrestre, on est amené à conclure avec une grande probabilité que les masses métalliques du centre de la Terre sont constituées, en proportion notable, par du fer métallique.

Notre satellite exerce aussi sur l'aiguille aimantée une action assez faible, il est vrai, mais qui paraît certaine : on pourrait donc voir dans cette action une preuve de l'existence du fer dans la composition moyenne de cet astre.

Enfin la profusion des aérolithes dans notre système planétaire tendrait à confirmer l'idée d'une commune origine de tous les corps célestes (hypothèse cosmogonique de Laplace) et à faire voir dans ces aérolithes le type de la *matière cosmique élémentaire*.

3° *Probabilité en faveur de l'origine électrique de la lumière émise par les protubérances solaires.* — Les conséquences précédentes se déduisent de la présence pour ainsi dire *statique* de masses magnétiques à la surface du Soleil. Examinons ce qui peut arriver si ces masses sont à l'état de mouvement. Cet état de mouvement existe, ainsi que le prouvent les observations directes de cet astre, et la cause de cet état dynamique réside évidemment dans la chaleur des couches inférieures et dans le refroidissement des couches externes ; car, quel que soit le mécanisme de ces mouvements, les conditions thermodynamiques nécessaires à la transformation de la chaleur en force vive sont remplies. Si l'on fait intervenir la condition que certaines parties de ces masses de vapeurs en mouvement sont magnétiques, on voit apparaître la nécessité d'un phénomène secondaire qui semble devoir jouer un rôle important, à savoir, la production de courants d'induction dans les masses conductrices avoisinantes, soit en repos, soit animées d'autres mouvements que celles-ci. Il en serait absolument de même si les masses en mouvement relatif, au lieu d'être magnétiques, étaient électrisées par une cause quelconque, en particulier par quelque action chimique.

Quoiqu'il soit actuellement presque impossible de préciser le mécanisme de ces transformations et d'assigner *a priori* l'extension et l'énergie de ces phénomènes secondaires, les conditions thermodynamiques sont si favorables, qu'on doit leur supposer une très-grande intensité, et prévoir que certains points au moins de la surface solaire sont le siége de mouvements rapides et que les masses gazeuses voisines reçoivent, par la propagation des courants induits, un accroissement notable de leur degré d'incandescence.

L'observation des protubérances, tangentiellement au disque solaire, nous révèle précisément l'existence de couches gazeuses dont l'éclat décèle une incandescence plus énergique que celle qui correspondrait à leur position; l'analyse de leur lumière montre que leur spectre est identique à celui de l'hydrogène très-raréfié rendu incandescent par une décharge électrique. La similitude spectrale est complète, tant pour l'éclat relatif des raies brillantes que pour leur netteté, décroissant avec la réfrangibilité. Ces protubérances, qui apparaissent dans le voisinage des facules et des taches, ne représenteraient-elles pas ces masses gazeuses traversées par les courants d'induction dans le voisinage des régions magnétiques ou électriques en mouvement rapide?

Cette assimilation aurait l'avantage de faire rentrer dans les conditions thermodynamiques ordinaires l'explication des protubérances, en les présentant comme l'équivalent de l'illumination par induction des masses gazeuses raréfiées, illumination qui se reproduit si aisément dans nos laboratoires avec les plus faibles actions mécaniques. On comprendrait alors la rapidité de l'extension de ces protubérances, leur disparition subite aussi bien que leur permanence accidentelle, sans avoir recours à l'hypothèse de ces jets gazeux doués de vitesses invraisemblables atteignant plusieurs centaines de kilomètres par seconde. L'hypothèse de vitesses si extraordinaires a déjà été critiquée par M. Fizeau, qui a signalé l'analogie probable du phénomène lumineux des protubérances avec celui que présentent sur notre globe les aurores boréales.

Le magnétisme terrestre ne serait-il pas un phénomène d'induction électrostatique dû à l'électricité solaire?

Ces études nous ont, comme on le voit, ramené au magnétisme terrestre que nous paraissions avoir perdu de vue un instant. Nous avons entièrement traité plus haut les variations diverses de cet agent, mais nous ne pouvons oublier qu'il présente aussi d'autres variations non moins remarquables que celles de l'oscillation diurne. Et d'abord la variation *mensuelle*. L'amplitude de l'excursion diurne est généralement à son minimum en décembre et janvier. Elle s'accroît en février et mars, atteint son maximum d'avril en août et décroît en septembre, octobre et novembre. Elle varie aussi du simple au double, et souvent davantage; elle a varié à Paris de 3',9 à 14',8 en 1871, à Milan de 0',84 à 15',88 la même année.

On a remarqué que l'amplitude de l'oscillation a diminué à l'époque (1810-1820) où le mouvement de l'aiguille vers l'ouest s'est arrêté.

Nous étudierons la variation annuelle dans le chapitre suivant.

Revoyez la *fig.* 13, p. 90; elle nous invite éloquemment à mettre en regard de ces effets la variation de température mensuelle due au Soleil. Examinons maintenant, sur la figure ci-dessus, la comparaison des cinq courbes de la température, de l'électricité atmosphérique, de la déclinaison, de la fréquence des orages et des cyclones, et nous saisirons d'un coup d'œil le rapport qui existe entre ces divers phénomènes. Il est donc difficile de ne pas voir dans la *variation mensuelle* du magnétisme un effet de l'influence solaire. Mais quelle est la nature de cette influence? Est-ce seulement la chaleur solaire qui agit, comme sur la température moyenne de l'année? Ce n'est pas probable, la courbe magnétique n'offre point la régularité de la courbe thermométrique. Est-ce la chaleur et la lumière réunies? Peut-être. Est-ce une action électrique? Peut-être encore, et très-probablement, car la variation magnétique diurne et mensuelle paraît liée dans un rapport intime avec celle de la vapeur d'eau et de l'électricité atmosphérique. Si nous ne pouvons pas démêler encore la nature de l'influence, il n'en est

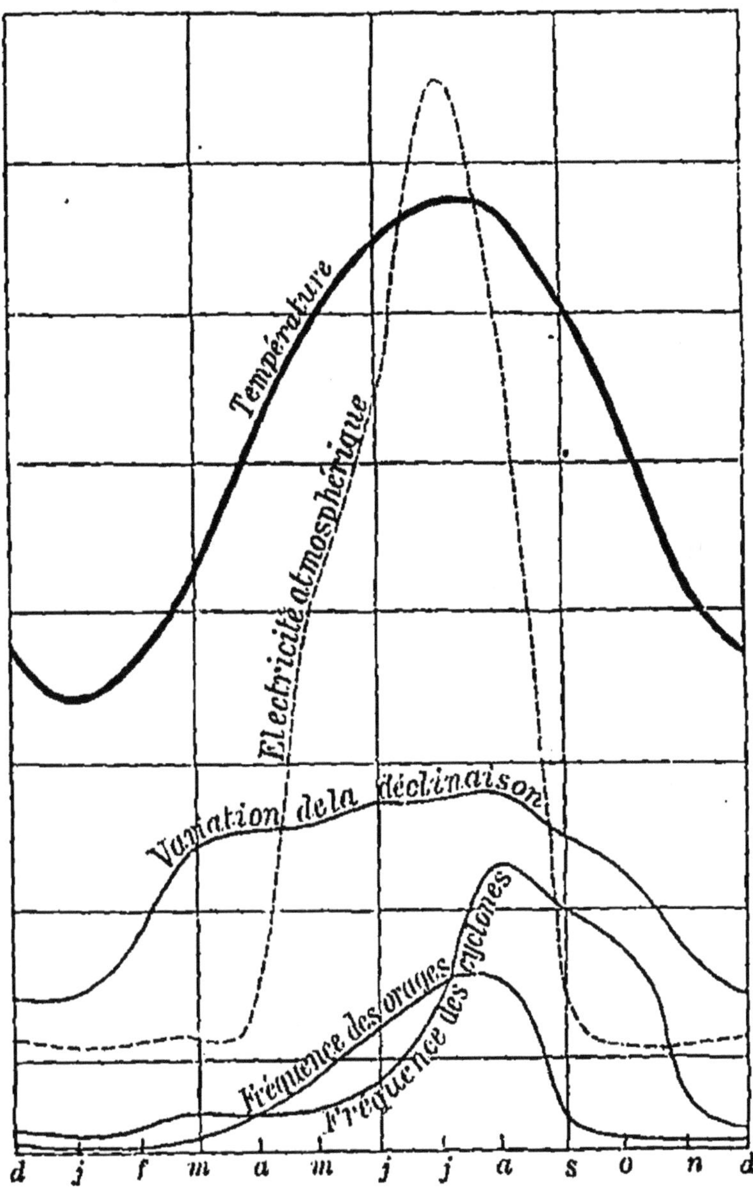


Fig. 31. — Variations mensuelles de la température à Paris, de l'électricité de la déclinaison, de la fréquence des orages et de la fréquence des cyclones.

pas moins certain que cette influence vient du Soleil.

Il est donc également possible que la variation horaire de l'aiguille aimantée ait pour cause première le Soleil, sans que pour cela ce soient les taches qui produisent une variation sensible dans la chaleur et dans la lumière. Les taches peuvent n'être qu'une des formes de l'activité solaire.

La variation annuelle ne paraît pas avoir la même cause, car on ne remarque pas que le Soleil ait changé d'allures en 1580 et en 1814, époques du changement de direction dans la déclinaison de l'aiguille. Mais il est intéressant de consacrer une étude spéciale à cet important sujet du magnétisme terrestre et de ses variations séculaires. C'est ce que nous allons faire dans le Chapitre suivant.

## VII.

## ÉTUDE SPÉCIALE DU MAGNÉTISME TERRESTRE ET DE SON HISTOIRE.

Formons-nous d'abord une idée générale de l'histoire de cet élément si important de la physique planétaire (et sans doute même interplanétaire.)

La constitution magnétique de notre planète ne peut être connue que d'une manière indirecte, par les manifestations de la force terrestre, et à la condition qu'elles révèlent des rapports appréciables dans l'espace ou dans le temps. La force magnétique de la Terre a cela de particulier qu'elle se signale par des effets incessamment variables; on ne peut lui comparer, à ce point de vue, ni la température, ni les accumulations de vapeurs, ni la tension électrique des couches inférieures de l'atmosphère. Cette perpétuelle instabilité dans les états magnétiques et électriques de la matière, si étroitement liés entre eux, distingue aussi essentiellement les phénomènes de l'électro-magnétisme de ceux que produit, à des distances toujours les mêmes, la force élémentaire de la matière, l'attraction. Or, la recherche de l'élément régulier dans les phénomènes variables est le premier but que l'on doive se proposer en étudiant les forces de la Nature.

Dans l'antiquité grecque ou romaine, on connaissait l'adhésion du fer à l'aimant, l'attraction et la répulsion, la propagation de la force attractive à travers des vases d'airain et des anneaux formant la chaîne, enfin, le défaut d'affinité pour l'aimant du bois et de tous les métaux autres que le fer. Quant à la propriété directrice que l'aimant peut transmettre aux corps mobiles sensibles à son influence, elle était complétement ignorée des peuples occidentaux, des Phéniciens et des Étrusques, aussi bien que des Grecs et des Romains. Ce n'est qu'à partir du XI<sup>e</sup> et du XII<sup>e</sup> siècle que nous voyons répandue chez les nations de l'Occident la connaissance de cette vertu qui a contribué d'une manière si puissante aux progrès de la navigation et qui depuis, en raison des services matériels qu'elle pouvait rendre, a constamment intéressé l'esprit à l'étude d'une force naturelle répandue sur toute la Terre et cependant si peu observée jusque-là.

Si les Grecs et les Romains de l'antiquité ont ignoré plusieurs des phénomènes magnétiques les plus importants et les plus riches en conséquences théoriques et pratiques, par compensation, ils ont signalé beaucoup de phénomènes magnétiques imaginaires dont il leur aurait été facile de constater la fausseté. Passons-leur la crédulité avec laquelle ils ont admis sans examen des prodiges locaux ou temporaires, par exemple la suspension des statues au milieu de l'air par les attractions opposées de deux aimants dans tel ou tel temple bien lointain ou peut-être détruit dès avant l'époque des auteurs qui mentionnent ces merveilles.

Le poëte Claudien décrit un temple d'or et, dans ce temple, deux statuettes, l'une de Mars, en fer, et l'autre de Vénus, en aimant, servant à représenter les amours de ces deux divinités. Mais, outre l'absence de toute indication de pays, la vraisemblance intrinsèque ordonne de croire que les deux statuettes et le temple d'or, célébrés par le poète, n'étaient qu'un petit meuble curieux comme les anciens aimaient à en posséder [1].

Pline raconte que Ptolémée Philadelphe et son architecte, Dinocharès, avaient dressé pour la reine Arsinoé le plan d'un temple dont la voûte devait être construite en aimant, afin que la statue de fer de la nouvelle déesse y restât suspendue par le simple contact; mais Pline ajoute que la mort du prince et de l'architecte empêcha l'exécution de ce projet. Cependant Ausone se permet de décrire l'œuvre comme accomplie. Saint Augustin va plus loin : ce Père de l'Église, qui considère la puissance de l'aimant comme une des plus grandes merveilles de la création (*Cité de Dieu*, XXI, 4), s'indigne de très-bonne foi contre des prêtres païens qui en avaient abusé pour tromper les peuples par l'apparence d'un miracle perpétuel. A en croire les faux bruits qu'il répète, ces prêtres auraient placé dans le pavé et dans la voûte d'un temple qu'il ne nomme pas, et que sans doute on aurait été fort embarrassé de nommer, des aimants dont la force était calculée de telle sorte, qu'une statue de fer restait en équilibre au milieu de l'air, par l'effet des deux attractions égales et opposées, sans pouvoir ni monter ni descendre. Nicéphore Calliste, Bède le Vénérable et les *Annales de Trèves* parlent, comme saint Augustin,

(1) Th.-Henri MARTIN, *La foudre, l'électricité et le magnétisme* chez les anciens.

de diverses statues païennes maintenues en l'air par les attractions opposées de deux aimants. Un récit tout semblable a été appliqué dans le *Talmud* aux veaux sacrés de Jéroboam, par Maïmonide à une statue babylonienne du Soleil, par le rabbin Kimchi à la couronne d'or des Ammonites, et enfin par Hildebert au tombeau de Mahomet.

La possibilité de cette suspension d'une masse de fer à égale distance de deux aimants et par leur attraction seule a été admise par l'auteur d'un ouvrage sur les *Minéraux* faussement attribué à Aristote et par Albert le Grand; mais elle a été niée et solidement réfutée d'abord par Porta, puis par Kircher, par Boot, par Prideaux et par Falconnet. En effet, l'*équilibre,* lors même qu'il serait possible de l'établir, ne pourrait durer qu'un instant imperceptible, parce qu'il serait nécessairement *instable.*

Signalons encore quelques autres propriétés merveilleuses de l'aimant, quoiqu'elles n'aient pas pour elles des autorités aussi respectables. D'abord, voici une application antique de l'aimant qui vaudrait bien la boussole des modernes. Qu'un mari glisse un aimant sous l'oreiller de sa femme endormie : si elle est fidèle, elle embrassera son mari sans s'éveiller; sinon, elle sera lancée hors du lit sur le plancher par une force irrésistible! Ce sont le faux Orphée, Tzetzès et Marbode, évêque de Rennes au XI^e^ siècle, qui nous l'assurent. Voulons-nous des effets plus doux? Écoutons les mêmes auteurs : l'aimant réconcilie les frères et même les époux brouillés ensemble; il suffit de porter un aimant sur soi pour s'attirer l'affection de tout le monde et pour posséder une éloquence entraînante.

Le médecin grec Aétius nous apprend que, suivant la croyance populaire, un aimant tenu dans la main calmait les douleurs de la goutte et les convulsions. Marcellus, médecin de Théodose le Grand, affirme qu'un aimant pendu au cou calme le mal de tête. Mais ne fabrique-t-on pas encore aujourd'hui des bagues de fer soi-disant magnétiques contre les migraines?

En résumé, les anciens ont beaucoup admiré l'aimant, et ils lui ont prêté des vertus imaginaires; mais ils n'ont connu que d'une manière très-incomplète et très-erronée sur plusieurs points ses propriétés réelles; ils n'ont remarqué que quelques-uns des phénomènes les plus apparents, parce que, comme Cardan le leur reproche, ils en ont fait un objet de spéculations théoriques sans en avoir fait auparavant un objet d'observations exactes et d'expérimentation.

Les savants du moyen âge ont recueilli précieusement une partie de ce que les anciens avaient dit sur les propriétés de l'aimant, et ils y ont ajouté quelques superstitions de plus. C'est Porta qui le premier, au XVI^e siècle, a soumis à une révision détaillée et habituellement judicieuse ce mélange de vérités et d'erreurs traditionnelles.

Les plus anciens documents relatifs à l'histoire du magnétisme terrestre se trouvent dans les annales du peuple chinois, qui se servaient déjà de la boussole pour se guider à travers les vastes plaines de l'Asie orientale, longtemps avant qu'elle n'ait été appliquée aux usages maritimes. Dès une époque qu'il est impossible de fixer, mais certainement antérieure au IIIe siècle avant notre ère, ils employaient comme moyens d'orientation *des chars indicateurs du sud*; ces chars portaient une statuette qui tournait sur un pivot vertical et dont le bras étendu montrait toujours le sud, parce qu'il contenait une aiguille aimantée dont le pôle sud était vers la main et le pôle nord vers l'épaule. Un auteur chinois du IIe siècle de notre ère désigne expressément l'aimantation de l'aiguille. Un ouvrage chinois composé entre 1111 et 1117 de notre ère constate l'existence d'une boussole qui consistait en une aiguille aimantée posée sur un flotteur. Les Chinois connaissent, au moins depuis le commencement du XIe siècle, la déclinaison de l'aiguille aimantée, déclinaison qui dans leur pays est faible et à peu près invariable.

Il paraît certain que les Arabes ont eu connaissance de la boussole à aiguille flottante avant les Européens, à qui ils l'ont transmise probablement pendant les premières croisades. Il est possible que l'on doive aux Vénitiens quelques perfectionnements de la boussole; mais cela n'est pas prouvé. La boussole à aiguille flottante se trouve décrite par Guyot de Provins, poète français du XIIe siècle, par l'auteur du traité *De natura rerum*, par l'auteur du traité *De lapidibus*, faussement attribué à Aristote, par Vincent de Beauvais, par Albert le Grand, par Jacques de Vitry, par Gautier d'Espinos, chansonnier de la première moitié du XIIIe siècle, par divers poètes provençaux de la même époque et par Brunetto Latini, maître de Dante. Celui-ci avait vu une boussole chez Roger Bacon. Dante lui-même (*Paradiso,*

Canto XII, v. 29) fait allusion à l'*aiguille* (*ago*) qui se dirige vers l'étoile polaire. Guyot de Provins, qui leur est antérieur, puisqu'il a écrit avant 1203, mentionne expressément l'emploi de la boussole. Au contraire, Adélart de Bath, qui écrivait au commencement du XII<sup>e</sup> siècle, se tait sur la boussole dans un dialogue où, s'il l'avait connue, il n'aurait pu manquer d'en parler à propos de l'attraction magnétique. Même silence, à la même époque, dans les vers de Marbode sur l'aimant, et un peu plus tard dans deux passages, l'un du *Roman de Brut* par Wacé, l'autre du roman de *Guillaume d'Angleterre* où il est question de l'art de guider un navire. La seconde moitié du XII<sup>e</sup> siècle paraît donc être l'époque où l'emploi de cet instrument si utile à la navigation, mais si imparfait à son origine, s'est introduit en Europe. C'est l'époque de la troisième croisade, la première qui ait suivi la voie de mer. Dès cette époque, la boussole primitive était en usage en Orient et en Occident. Quant à la boussole à pivot, on la trouve mentionnée pour la première fois dans le commentaire inédit de François de Buti sur Dante : ce perfectionnement de la boussole doit donc dater de la première moitié du XIV<sup>e</sup> siècle. Mais rien ne prouve qu'il appartienne à Flavio Gioja d'Amalfi, inventeur prétendu de la boussole, postérieur d'un siècle et demi à l'époque de l'introduction de cet instrument en Europe ([1]). Une lettre latine, attribuée à Pierre Adsiger (1269), conservée dans les manuscrits de l'Université de Leyde, renferme la remarque suivante sur

([1]) TH.-HENRI MARTIN, Ouvrage cité, p. 76.

la déclinaison de l'aiguille : la boussole, et l'aiguille qui a été touchée par elle, ne se dirige pas exactement vers les pôles, mais l'extrémité dirigée vers le sud décline un peu à l'ouest, et le bout qui regarde le nord incline vers l'est : cette déclinaison est de 5°.

La découverte de l'inclinaison de l'aiguille est due à Robert Norman, fabricant d'instruments de marine à Wapping, près de Londres; en 1576, il mesura lui-même cette inclinaison, et la trouva de 71°50'.

La connaissance de la déclinaison magnétique, que les navigateurs indiens, malais et arabes, avaient empruntée simultanément à la Chine et que l'on appela d'abord simplement *variation*, sans rien spécifier, s'était naturellement répandue aussi dans le bassin de la Méditerranée. Cet élément si indispensable à la correction des calculs nautiques était alors déterminé moins d'après le lever et le coucher du soleil que d'après l'étoile polaire, et toujours d'une manière fort incertaine. Déjà cependant il était indiqué sur les cartes marines; il l'était en particulier sur la carte si rare d'Andrea Bianco, qui fut dressée l'an 1436. Colomb, qui, à l'origine, n'avait pas plus que Sébastien Cabot connaissance de la déclinaison magnétique, rendit cependant à la Science, le 13 septembre 1492, le service de déterminer une ligne sans déclinaison magnétique, située 2°,5 à l'est de l'île Corvo, l'une des Açores. En pénétrant dans la partie occidentale de l'océan Atlantique, il s'aperçut que la *variation* passait insensiblement du nord-est au nord-ouest. Cette remarque le conduisit immédiatement à l'idée, qui depuis a tant préoccupé les navigateurs, de trouver la longitude à l'aide des courbes de *variations*, qu'il supposait encore parallèles au méridien. On voit par son journal de bord que dans son second voyage, en 1496, incertain du lieu où il était, il essaya effectivement de s'orienter d'après des observations de déclinaison. La méthode dont Colomb pressentait la mise en œuvre était, à n'en pas douter, le secret infaillible que Sébastien Cabot, sur son lit de mort, se vantait de posséder par une révélation divine.

A la ligne sans déclinaison se rattachaient, dans l'imagination aventureuse de Colomb, d'autres vues un peu chimériques sur les changements de climat, sur la forme singulière de la Terre qu'il comparait à celle d'une poire, et sur les mouvements irréguliers des corps célestes. Ce fut là ce qui le détermina à changer une ligne physique de démarcation en une ligne politique. La ligne sur laquelle l'aiguille est directement tournée vers le nord devint ainsi la limite des possessions portugaises et espagnoles; mais il fallait déterminer d'une manière précise, par les méthodes astronomiques, la longitude géographique de cette ligne de démarcation, et la suivre dans les deux hémisphères, sur toute la surface terrestre. Ainsi un abus de l'autorité papale eut, pour le développement de la navigation et le perfectionnement des instruments magnétiques, les conséquences les plus imprévues et les plus heureuses. Felipe Guillen de Séville, et vraisemblablement avant lui le cosmographe Alonzo de Santa-Cruz, qui avait donné des leçons de Mathématiques au jeune empereur Charles-Quint, construisirent de nouvelles boussoles de *variation*, avec lesquelles on pouvait mesurer les hautours du Soleil. Alonzo de Santa-Cruz dessina, en 1530, un siècle et demi par conséquent avant Halley, la première carte générale des *variations*, dressée, à la vérité, d'après des matériaux fort incomplets. On peut juger de la curiosité qu'excita le magnétisme terrestre au xvie siècle, depuis la mort de Colomb, et les débats auxquels donna lieu la ligne de démarcation papale, par le voyage de Juan Jayme, qui, en 1585, alla des Philippines à Acapulco avec Francisco Gali, dans le seul but d'observer la boussole, durant une longue traversée dans la mer du Sud ([1]).

Avec la tendance à l'observation se manifesta le goût des spéculations théoriques, qui toujours l'accompagnent et souvent même la devancent. Chez les Hindous et chez les Arabes, un grand nombre de traditions maritimes parlent d'îles rocheuses funestes aux navigateurs, parce que leur puissance magnétique attirait à elles le fer qui servait à unir la charpente du navire, ou retenaient le navire immobile. Sous l'influence de ces fantaisies, on eut de bonne heure l'idée de représenter le point où devaient se réunir toutes les lignes de déclinaison magnétique par l'image matérielle d'une montagne d'aimant voisine du pôle terrestre. Sur la carte du nouveau continent qui fut jointe à l'édition de la *Géographie* de Ptolémée, publiée à Rome en 1508, le pôle nord magnétique est figuré par une île montagneuse, située au nord du Groënland (Gruentland), qui est représenté comme une dépendance de l'Asie orientale.

([1]) Humboldt, *Cosmos*, IV.

Un homme qu'admirait Galilée, et dont Bacon méconnut complétement les services, William Gilbert, avait, à la fin du XVI$^{e}$ siècle, tracé la première esquisse grandiose du magnétisme terrestre. Le premier, il distingua clairement par leurs effets le magnétisme et l'électricité, mais il les regarda tous deux comme des émanations d'une force unique, inhérente à la matière. De faibles analogies suffirent pour faire naître en lui d'heureux pressentiments, comme il est donné au génie d'en avoir. Guidé par cette conviction claire du magnétisme terrestre (*De magno magnete tellure*) il remarqua que la formation des pôles, dans les barres de fer verticales qui forment les montants des croix sur les vieux clochers des églises, est un effet de la force terrestre. Le premier, il enseigna, en Europe, à communiquer la vertu magnétique au fer par le frottement d'un aimant, ce qu'à la vérité les Chinois savaient faire depuis près de cinq siècles. Dès ce moment aussi Gilbert donnait la préférence à l'acier sur le fer doux, comme pouvant s'approprier d'une manière plus durable les propriétés magnétiques.

Halley marque une époque importante dans l'histoire du magnétisme terrestre. Il admettait pour chaque hémisphère deux pôles, l'un plus fort et l'autre plus faible, en tout quatre points où l'inclinaison de l'aiguille aimantée est de 90°. Le plus fort des quatre pôles de Halley était supposé situé par 70° de latitude australe, 120° à l'est de Greenwich, presque sous le méridien qui traverse le King George's Sound, dans la partie de la Nouvelle-Hollande appelée *terre de Nuyts*. Les trois voyages maritimes que fit Halley en 1698,

1699 et 1702 sont postérieurs à la première conception d'une théorie qui reposait alors uniquement sur un voyage antérieur à Sainte-Hélène et sur des observations de déclinaisons incomplètes, dues à Baffin, à Hudson et à Cornelius de Schouten. Ce sont les premières expéditions dirigées vers un grand but scientifique, l'étude de l'un des éléments de la force terrestre nécessaire à la sûreté de la navigation, qui aient été entreprises sous les auspices et avec l'initiative d'un gouvernement. Halley s'avança jusqu'à 52° au delà de l'équateur, et put construire la première carte des *variations* embrassant des espaces considérables. Cette carte assure à la science théorique du XIX$^e$ siècle un point de comparaison instructif qui, bien qu'un peu rapproché de nous, permet déjà de contrôler le mouvement progressif des courbes de déclinaison.

Ce fut une heureuse pensée de Halley de relier graphiquement par des lignes les points d'égale déclinaison, et de présenter ainsi clairement et sous un seul coup d'œil l'ensemble des résultats acquis.

Halley reconnut lui-même combien il est difficile d'admettre un aimant qui ait quatre pôles; mais il ne pouvait masquer le fait constaté sur la Terre elle-même et, sans l'expliquer, il l'admit; ce que tout philosophe doit faire pour une question nouvelle et non résolue. Il proposa sur ce point une théorie qui, toute fantastique qu'elle paraisse aujourd'hui et qu'elle ait sans doute paru dès cette époque même, a néanmoins sa valeur et laissera sa trace dans la Science. Pour expliquer l'existence des quatre pôles et en même temps le changement séculaire de la variation, il compara la Terre à une coquille renfermant en elle un globe solide qui tournerait sur lui-même d'une manière indépendante de la coquille extérieure. Chacune de ces sphères, la pleine et la creuse, aurait son axe magnétique particulier passant à travers le centre commun; mais les deux axes seraient inclinés l'un sur l'autre ainsi que sur l'axe de rotation diurne de la Terre. Il n'est pas difficile, dès lors, de suivre les mouvements possibles des quatre pôles imaginaires qui résultent de ces hypothèses.

Ainsi Halley considérait la croûte extérieure de la Terre comme une coquille séparée par un milieu fluide d'un noyau intérieur central, qui avait son centre de gravité fixe et immobile au centre même de la Terre, mais qui tournait autour de son axe un peu plus lentement que la croûte extérieure de la Terre. Ce noyau et cette coquille étaient dans cette hypothèse deux aimants distincts, dont les pôles magnétiques ne coïncidaient pas avec les pôles géographiques de la Terre. Le changement observé dans la baie d'Hudson étant beaucoup moins prononcé que le changement observé en Europe, Halley concluait que le pôle nord américain était fixe, tandis que l'européen était mobile; et d'une observation analogue faite sur les côtes de Java, il considérait le pôle sud asiatique comme fixe, et le pôle situé à l'ouest du détroit de Magellan comme mobile. Les pôles fixes étaient ceux de la coquille extérieure, et les pôles mobiles ceux du noyau intérieur. De ces derniers, celui qu'il avait placé dans le méridien *of the land's-End* a été vérifié dans le siècle présent; il s'est déplacé vers la Sibérie par 120° de longitude orientale, tandis que celui qu'il avait mis à 20° du détroit de Magellan s'est avancé de 30° ou 40° à l'ouest de cette position. Les pôles regardés comme fixes par Halley ont à peine varié depuis son époque. Il est extrêmement intéressant de remarquer que non-seulement les observations modernes de la déclinaison, mais encore celle de l'inclinaison et de l'intensité magnétique, ont reçu leur meilleure explication de cette hypothèse de quatre pôles magnétiques; et l'on peut encore dire, avec Halley : « Si ces pôles magnétiques se meuvent ensemble d'un seul mouvement ou de plusieurs; si ces mouvements sont égaux ou inégaux; s'ils sont circulaires ou seulement oscillatoires; quel est leur centre dans le premier cas, et quelle est leur loi dans le second? Ce sont là des secrets qu'il nous est actuellement impossible de résoudre et qui sont réservés au progrès des siècles futurs. »

Un siècle après Halley, Hansteen étudia le même problème (1811-1819) et arriva presque à la même conclusion relativement à quatre pôles d'attraction, reconnaissant d'ailleurs pleinement qu'Halley a été le premier qui ait découvert la véritable attraction magnétique du globe. Grâce aux matériaux qu'il avait à sa disposition, il put aller plus loin et calculer, d'une part les positions géographiques, d'autre part la période probable de révolution de ce double système de pôles ou de points d'attraction, autour du pôle terrestre. Il trouva ainsi que le pôle magnétique situé au nord de l'Amérique doit employer 1740 ans pour accomplir sa révolution autour du pôle terrestre; tandis que le pôle magnétique situé en Sibérie n'emploierait que 860 ans pour cette révolution. Le pôle magnétique sud situé au sud de l'Australie emploierait 4609 ans, et le pôle secondaire situé près du cap Horn 1304 ans. On peut facilement imaginer quelle a été l'influence de ces laborieuses investigations sur l'esprit de ceux qui ont poursuivi plus tard la même recherche.

Alexandre de Humboldt, qui s'est tout spécialement occupé, comme on le sait, de l'étude du magnétisme terrestre, divise les faits à étudier en douze objets différents qu'il énumère ainsi :

« Deux pôles magnétiques, situés l'un dans l'hémisphère austral, l'autre dans l'hémisphère boréal, à distances inégales des pôles de rotation. On appelle *pôles magnétiques* les points où l'inclinaison égale 90°, où par conséquent la force horizontale est nulle;

» L'équateur magnétique, c'est-à-dire la courbe sur laquelle l'inclinaison égale zéro;

» Les lignes d'égale déclinaison et celles sur lesquelles la déclinaison égale zéro; en d'autres termes, les lignes isogoniques et les lignes sans déclinaison;

» Les lignes d'égale inclinaison ou lignes isocliniques;

» Les quatre points de la plus grande intensité magnétique. Deux de ces points, de force inégale, sont situés dans chaque hémisphère;

» Les lignes d'égale intensité ou isodynamiques;

» La ligne des ondulations magnétiques qui lie, sur chaque méridien, les points de la plus faible intensité. Cette ligne est appelée quelquefois aussi *équateur dynamique;* elle ne coïncide ni avec l'équateur géographique ni avec l'équateur magnétique;

» La limite de la zone, en général d'une très-faible intensité magnétique, qui joue, pour ainsi dire, le rôle d'intermédiaire, et dans laquelle les variations horaires participent alternativement, suivant les saisons, aux propriétés des deux hémisphères. »

Humboldt a pris soin d'appliquer le mot *pôle* uniquement aux deux points de la Terre où la force horizontale disparaît, parce que, de nos jours, ainsi qu'on l'a déjà remarqué, ces points, qui sont vraiment les pôles magnétiques, ont été souvent et très à tort confondus avec les points de la plus grande intensité. Gauss a prouvé aussi qu'il y a de l'inconvénient à désigner sous le nom *d'axe magnétique* de la Terre la corde qui joint les deux points de la surface terrestre où l'inclinaison de l'aiguille est égale à 90°.

Les cartes publiées en 1836 par Duperrey, et qui représentent l'état magnétique du globe terrestre pour l'année 1825, d'après les observations personnelles de ce savant navigateur et d'après toutes les observations recueillies jusqu'au moment où il les a arrêtées, sont extrêmement précieuses pour la Science, parce qu'elles se rapportent à l'époque où la déclinaison a suspendu son écart vers l'ouest dans nos climats.

On appelle *méridien magnétique d'un lieu* le plan vertical qui en ce lieu passe par l'aiguille aimantée horizontale. C'est dans ce plan qu'on place l'aiguille suspendue de manière à se mouvoir librement dans un plan vertical; *l'inclinaison* est l'angle que fait cette aiguille avec l'horizon. Les lignes tracées à la surface de la Terre et telles que, si on les suivait avec une boussole, on trouverait constamment sur tout leur parcours le même angle de déclinaison, sont les méridiens magnétiques.

Nous avons vu qu'on appelle *pôles magnétiques* les points de la surface de la Terre où l'inclinaison magnétique est égale à 90°, c'est-à-dire où l'aiguille d'inclinaison se tient verticale. Duperrey, en cherchant quelle est l'intersection des méridiens magnétiques, a placé les deux pôles magnétiques un peu à la droite des deux pôles terrestres, ainsi que le montre sa carte. Ces positions sont très-rapprochées de celles que Gauss leur attribue dans sa théorie du magnétisme terrestre, et aussi de celles qui résultent des expéditions de sir John Ross vers le pôle arctique et de sir James Ross vers le pôle antarctique (*voir* le *Cosmos*, t. IV, p. 118; *Œuvres* d'Arago, t. IV, p. 513, et t. IX, p. 131). Les trois déterminations sont les suivantes :

| | | Duperrey. | Gauss. | Ross. |
|---|---|---|---|---|
| | | ° ′ | ° ′ | ° ′ |
| Pôle arctique.... | Latitude. | 70. 5 N | 73.35 N | 70. 5 N |
| | Longit.. | 100.15 O | 118. 0 O | 99. 5 O |
| Pôle antarctique. | Latitude. | 76. 0 S | 76.35 S | 75. 5 S |
| | Longit.. | 135. 0 E | 150.10 E | 151.48 E |

« La différence des longitudes entre les deux pôles magnétiques, dit Humboldt, est de 100°. Le pôle nord appartient à la grande île Boothia Félix, voisine du continent américain, et qui fait partie du pays nommé d'abord par le capitaine Parry *North Somerset*.... Le pôle austral est situé dans la grande contrée polaire antarctique South Victoria Land, à l'ouest des Albert Mountains. »

L'*équateur magnétique* est la ligne qui réunit la série des points du globe où l'inclinaison de l'aiguille aimantée est égale à zéro. Les cartes de l'Atlas du Cosmos sont très-intéressantes à consulter pour la représentation graphique du magnétisme.

Sir Edward Sabine, étudiant la même question en 1864, suivit encore en partie les vues de Halley, et admit que deux systèmes magnétiques sont directement reconnaissables dans les phénomènes du magnétisme terrestre, l'un de ces systèmes ayant une origine terrestre et l'autre une origine cosmique. Le magnétisme personnel du globe, qui a son point de plus grande attraction boréale au nord de l'Amérique, est le plus fort. Le système le plus faible est celui qui résulte du magnétisme induit dans la Terre par une action cosmique, et son point de plus grande attraction est actuellement au nord de l'Asie. Ce même savant pense que c'est le dernier de ces deux systèmes magnétiques qui, par sa translation progressive, donne naissance aux phénomènes de variation séculaire, ainsi qu'aux cycles magnétiques qui doivent leur origine à l'œuvre de la variation séculaire.

Si l'on compare ces hypothèses avec les faits observés dans ces dernières années, on trouve qu'il est difficile, et même impossible sur plusieurs points, de les faire concorder avec les mouvements actuels de l'aiguille aimantée. Pour expliquer cette anomalie, examinons un instant comment cette aiguille s'est comportée dans l'intervalle de 1700 à 1819. Pendant cette longue période et même auparavant, on remarquait sur les plus hautes latitudes un mouvement général de l'extrémité nord de l'aiguille, s'accomplissant dans les directions suivantes : sur tout l'espace qui s'étend à travers l'Atlantique et l'océan Indien, depuis la baie d'Hudson jusqu'au méridien du cap nord de l'Europe et depuis le cap Horn jusqu'à l'ouest de l'Australie, l'extrémité nord de l'aiguille a été progressivement attirée vers l'ouest en raison de huit à dix minutes par an au maximum.

Depuis le méridien du cap nord de l'Europe jusqu'à 130° de longitude à l'est, elle a été progressivement attirée vers l'est, tandis que depuis cette longitude jusqu'à la baie d'Hudson elle est restée presque stationnaire. Dans l'hémisphère austral, depuis l'occident de l'Australie jusqu'au cap Horn, le mouvement a été dirigé vers l'est en raison de sept minutes par an au maximum. Il y avait ainsi une sorte d'uniformité générale, puisque dans cet hémisphère (y compris les océans Atlantique et Indien) l'aiguille marchait progressivement vers l'ouest, tandis que dans l'autre hémisphère (océan Pacifique) elle marchait au contraire vers l'est. Ce mouvement paraissait donc uniforme et harmonieux jusqu'au commencement de notre siècle, mais on sait que l'aiguille s'est arrêtée vers 1818, non-seulement à Paris et à Londres où on l'observait régulièrement, mais dans l'Europe entière et dans le nord de l'Afrique; et l'on sait aussi que depuis cette époque elle revient vers l'est avec une vitesse croissante; mais, dans l'Atlantique sud, la déclinaison occidentale ne s'est pas arrêtée et elle se continue encore aujourd'hui. Ce double fait a en quelque sorte disloqué la régularité harmonieuse des conceptions de Halley et Hansteen.

Les vues plus récentes de Sabine paraissent répondre aux difficultés qui proviennent de la marche actuelle de l'aiguille; elles impliquent que les pôles d'attraction qui ont une source terrestre, c'est-à-dire les pôles magnétiques, ne se meuvent pas.

Le capitaine Evans (1) a répondu, en 1878, à la nouvelle hypothèse de Sabine par les considérations suivantes :

« Cette hypothèse n'est pas sans difficultés, car nous ne pouvons pas concevoir que des changements dus à une action cosmique ne présentent pas un caractère général et n'affectent pas le globe entier. Ainsi, si la translation progressive, à travers l'Asie septentrionale, du système magnétique induit, et sans doute aussi celle de l'hémisphère austral étaient la cause directe de la variation séculaire, il y aurait uniformité dans les mouvements généraux de l'aiguille à la surface de la Terre. L'expérience montre le contraire, car on remarque dans certaines régions une grande activité de mouvement, tant dans la déclinaison, que dans l'inclinaison ; dans d'autres régions, un repos relatif des deux éléments, et dans d'autres régions encore un repos dans la déclinaison et une variation sensible dans l'inclinaison. »

Ainsi une région de remarquable activité se présente dans l'océan Atlantique sud, comprenant une grande partie des côtes de l'Amérique du Sud, le cap Horn, les îles Saint-Paul, Ascension, Sainte-Hélène, Falkland et les mers adjacentes. Sur plusieurs points de cette

(1) *The Nature*, 16 mai 1878.

étendue le mouvement occidental de l'aiguille surpasse sept ou huit minutes par an et se continue depuis trois siècles. Sur les côtes de l'Amérique, l'inclinaison de l'extrémité sud de l'aiguille décroît de sept à quatre minutes par an, tandis que, du cap de Bonne-Espérance à l'Ascension, elle s'accroît annuellement de cinq à dix minutes. On a donc ici une sorte de dislocation des phénomènes généraux.

Une autre région d'activité, constatée par les changements de la variation, s'étend sur l'Europe, l'Asie occidentale et l'Afrique septentrionale. Ici l'aiguille, en opposition avec le mouvement vers l'ouest observé dans l'Atlantique sud, revient vers l'est depuis soixante ans avec une vitesse qui s'élève à dix minutes par an dans certains pays, et l'inclinaison diminue en moyenne de trois minutes.

Sur les côtes occidentales de l'Amérique du Sud, à Valparaiso, aux îles Falkland, l'inclinaison décroît dans la proportion de sept minutes par an; mais, si l'on navigue vers le nord, on voit ce mouvement s'arrêter lorsqu'on atteint le deuxième degré de latitude australe.

Remarque non moins curieuse, l'aiguille paraît stationnaire dans toute l'Amérique du Nord. Le mouvement est à peine sensible également en Chine, où l'on remarque toutefois que l'inclinaison augmente actuellement de trois à quatre minutes, ce qui est le contraire de ce qui se passe en Europe. La variation dans les deux éléments est si faible sur une grande partie de l'océan Pacifique occidental, en Australie et dans la Nouvelle-Zélande, que nous pouvons voir là une zone de repos relatif.

De ces faits, l'auteur conclut que des mouvements que nous ne pouvons pas concevoir actuellement s'accomplissent dans l'intérieur de la Terre et que les variations séculaires du magnétisme sont dues à ces mouvements et non à des causes extérieures, ce qui revient à la conception de Halley, d'un noyau intérieur considéré comme un aimant tournant sous la croûte extérieure de notre globe. Sans discuter la probabilité de cette supposition, examinons si la manière d'être d'un autre élément, l'intensité du magnétisme, confirme l'hypothèse que des mouvements s'accomplissent actuellement dans l'intérieur du globe. Sans doute la stabilité est une des conditions essentielles de la force terrestre, et ce n'est que par l'observation attentive d'instruments de précision construits pour révéler les changements rapides, qu'on peut découvrir de telles variations. M. Brown a conclu de ces observations que la force magnétique s'accroît et diminue d'un jour à l'autre sur le globe entier, et que son accroissement, comme sa diminution, correspond à l'action du Soleil, suivant des intervalles de vingt-six jours, période attribuable à la rotation du Soleil. M. Evans pense que depuis un demi-siècle les observations anglaises paraissent montrer un accroissement de deux ou trois centièmes de la force totale. En Italie, au contraire, il y aurait une diminution annuelle de quatre millièmes, d'après les observations du P. Perry; dans le nord du continent américain, cette même force s'accroît lentement à Washington, reste stationnaire à Toronto, au Canada, et décroît légèrement à Key West, dans le golfe du Mexique. Ainsi l'hémisphère nord paraît montrer de la stabilité sur une très-grande étendue. Si maintenant nous considérons l'Amérique du Sud et ses mers adjacentes, nous trouvons une diminution remarquable dans l'intensité de la force terrestre. Les dernières observations faites par les officiers du *Challenger* à Valparaiso et à Montevideo, comparées avec celles des observateurs antérieurs, montrent que, depuis un demi-siècle, la force totale y a diminué d'un sixième et d'un septième; la diminution a été d'un neuvième aux îles Falkland, et il en a été de même plus loin au nord, à Bahia et à l'île de l'Ascension. Cette aire d'affaiblissement occupe un espace immense; elle paraît atteindre l'équateur, s'étendre jusqu'à Taïti à l'ouest, et jusqu'à Sainte-Hélène à l'est. Au cap de Bonne-Espérance, il y a au contraire un accroissement.

Tels sont les faits observés. La difficulté est de les interpréter et d'en trouver l'explication véritable. Sous quelque aspect que nous examinions cet intéressant sujet du magnétisme terrestre et de ses variations séculaires, nous le voyons enveloppé d'une grande complication et d'un profond mystère; les années et les documents semblent avoir reculé la solution. Le noyau intérieur de Halley, les pôles tournants de Hansteen et les hypothèses les plus récentes des physiciens les plus instruits de notre époque sont loin de résoudre le problème. Nous ne devons cependant pas désespérer qu'un jour ce grand secret de la nature soit surpris par l'investigation persévérante et infatigable de l'esprit humain.

Examinons maintenant en détail les observations faites en des lieux déterminés, et commençons par apprécier l'ensemble des observations de Paris.

On a remarqué en 1550 que la déclinaison était *orientale* et de 8° environ. Trente ans plus tard, l'angle s'élevait à 11°30'. Puis l'aiguille s'est graduellement rapprochée du méridien qu'elle a atteint en 1663. A partir de cette époque, l'aiguille s'est écartée vers l'ouest et la déclinaison est devenue *occidentale*. L'écart maximum a été atteint vers 1814 ; elle a oscillé dans le voisinage de ce maximum jusque vers 1825 ; puis elle a pris une marche rétrograde vers l'est, et sa déclinaison occidentale est actuellement d'environ 17°.

La série d'observations faites à Paris pendant plus de deux siècles, le long d'une période qui présente malheureusement plusieurs lacunes, peut être divisée en six parties : la première comprenant les observations faites par Picard, depuis 1667 jusqu'en 1683 ; la deuxième, les observations faites par de la Hire père et fils, depuis 1683 jusqu'en 1719 ; la troisième, les observations faites par Maraldi, depuis 1719 jusqu'en 1744 ; la quatrième, les observations faites depuis 1744 jusqu'en 1791, par de Fouchy et Cassini ; la cinquième, les observations faites par Arago, Bouvard et autres, jusqu'au transfert des instruments magnétiques de l'Observatoire de Paris à celui de Montsouris, en 1871 ; la sixième, les observations de Montsouris.

Voici cette série entière :

### *Déclinaison de l'aiguille aimantée, à Paris.*

| Années. | Déclinaison | Années. | Déclinaison. | Années. | Déclinaison. |
|---|---|---|---|---|---|
| | ° ' | | ° ' | | ° ' |
| 1550. | 8. 0 E | 1701. | 8.12 | 1729. | 14.10 |
| 1580. | 11.30 | 1702. | 8.48 | 1730. | 14.25 |
| 1622. | 6.30 | 1703. | 9 6 | 1731. | 14.45 |
| 1630. | 4.30 | 1704. | 9.20 | 1732. | 15.15 |
| 1634. | 4.16 | 1705. | 9.30 | 1733. | 15.45 |
| 1660. | 1. 0 | 1706. | 9.48 | 1734. | 15.35 |
| 1664. | 0.40 | 1707. | 10.10 | 1735. | 15.45 |
| 1666. | 0. 0 | 1708. | 10.15 | 1736. | 15.40 |
| 1667. | 0.15 O | 1709. | 10.30 | 1737. | 14.45 |
| 1670. | 1.30 | 1710. | 10.50 | 1738. | 15.10 |
| 1680. | 2.40 | 1711. | 10.50 | 1739. | 15.20 |
| 1680. | 2.50 | 1712. | 11.15 | 1740. | 15.30 |
| 1681. | 2.30 | 1713. | 12 12 | 1741. | 15.40 |
| 1682. | 2.30 | 1714. | 11.30 | 1742. | 15.10 |
| 1683. | 3.50 | 1715. | 11.10 | 1743. | 15.10 |
| 1684. | 4.10 | 1716. | 12.30 | 1744. | 16.15 |
| 1685. | 4.30 | 1717. | 12.40 | 1745. | 16.15 |
| 1687. | 5.12 | 1718. | 12.30 | 1746. | 16.15 |
| 1688. | 4.30 | 1719. | 12.30 | 1747. | 16.30 |
| 1689. | 6.00 | 1720. | 13. 0 | 1748. | 16.15 |
| 1691. | 4.40 | 1721. | 13. 0 | 1749. | 16.30 |
| 1692. | 5.50 | 1722. | 13. 0 | 1750. | 17.15 |
| 1693. | 6.20 | 1723. | 13. 0 | 1751. | 17. 0 |
| 1696. | 6.48 | 1724. | 13. 0 | 1752. | 17.15 |
| 1697. | 7. 8 | 1725. | 13, 0 | 1753. | 17.20 |
| 1698. | 7.40 | 1726. | 13.45 | 1754. | 17.15 |
| 1699. | 7.40 | 1727. | 14. 0 | 1755. | 17.30 |
| 1700. | 8.10 | 1728. | 13.50 | 1756. | 17.45 |

*Déclinaison de l'aiguille aimantée, à Paris* (suite).

| Années. | Déclinaison. | Années. | Déclinaison. | Années. | Déclinaison. |
|---|---|---|---|---|---|
| | ° ′ | | ° ′ | | ° ′ |
| 1757. | 18. 0 | 1807. | 22.25 | 1851. | 20.25,0 |
| 1758. | 18. 0 | 1808. | 22.19 | 1852. | 20.19 |
| 1759. | 18.10 | 1809. | 22. 0 | 1853. | 20.17 |
| 1760. | 18.30 | 1810. | 22.16 | 1854. | 20.10,8 |
| 1765. | 19. 0 | 1811. | 22.25 | 1858. | 19.35,4 |
| 1770. | 19.55 | 1812. | 22.29 | 1859. | 19.28,7 |
| 1771. | 19.50 | 1813. | 22.28 | 1860. | 19.22,5 |
| 1772. | 20. 2 | 1814. | 22.34 | 1861. | 19.15,5 |
| 1773. | 20. 0 | 1816. | 22.25 | 1862. | 19. 7,5 |
| 1777. | 20.27 | 1817. | 22.19 | 1863. | 19. 0,6 |
| 1778. | 20.41 | 1818. | 22.26 | 1864. | 18.56,0 |
| 1779. | 20.32 | 1819. | 22.29 | 1865. | 18.47,5 |
| 1780. | 20.35 | 1821. | 22.25 | 1866. | 18.41,8 |
| 1780. | 20.45 | 1822. | 22.11 | 1867. | 18.31,6 |
| 1781. | 20.52 | 1823. | 22.23 | 1868. | 18.24,0 |
| 1782. | 21. 1 | 1824. | 22.23 | 1869. | 18 16,3 |
| 1783. | 21.17 | 1825. | 22.18 | 1871. | 17.56,7 |
| 1784. | 21.27 | 1827. | 22.20 | 1873. | 17.33,0 |
| 1785. | 21.35 | 1828. | 22. 6 | 1874. | 17.29,8 |
| 1786. | 21.36 | 1829. | 22.12 | 1875. | 17.26,2 |
| 1789. | 21.56 | 1832. | 22. 3 | 1876. | 17.20,0 |
| 1790. | 22. 0 | 1835. | 22. 4 | 1877. | 17.11,4 |
| 1791. | 22. 4 | 1848. | 20.41 | 1878. | 17. 3,9 |
| 1798. | 22.15 | 1849. | 20.34,3 | | |
| 1806. | 21.51 | 1850. | 20.31,7 | | |

De 1790 à 1835, la déclinaison a passé par un maximum assez diffus, mais qui se place entre les années 1812 et 1819. De 1835 à 1848, en treize ans, la déclinaison a diminué de 1°23′, c'est-à-dire de 6′,4 par an; ensuite la diminution a été :

De 1848 à 1858, de....... 1° 6′ ou 6′.6 par an
De 1858 à 1868, de....... 1.11 ou 7.1 »
De 1868 à 1878, de....... 1.20 ou 8.0 »

On voit que cette diminution s'accélère régulièrement.

L'inclinaison de l'aiguille aimantée n'a pas été suivie d'une manière aussi régulière que la déclinaison. De 1671 jusqu'à l'année actuelle, elle a été constamment en diminuant, et sa décroissance ne paraît pas être arrivée à son terme. Nous résumons dans le tableau suivant les principaux résultats obtenus.

*Inclinaison de l'aiguille aimantée, à Paris.*

| Années. | Décli-naison. | Années. | Décli-naison. | Années. | Décli-naison. |
|---|---|---|---|---|---|
| 1671. | 75° ′ | 1825. | 68° 1′ | 1863. | 66° 0′,9 |
| 1754. | 72.15 | 1829. | 67.45 | 1864. | 66. 1,2 |
| 1776. | 72.25 | 1831. | 67.40 | 1865. | 65.38,2 |
| 1780. | 71.48 | 1835. | 67.24 | 1866. | 65.53,7 |
| 1791. | 70.52 | 1849. | 66.45 | 1867. | 65.47,5 |
| 1798. | 69.51 | 1850. | 66.37 | 1868. | 65.44,8 |
| 1810. | 68.50 | 1851. | 66.35 | 1869. | 65.43,9 |
| 1813. | 68,35 | 1853. | 66.28 | 1875. | 65.37,0 |
| 1817. | 68.31 | 1859. | 66.16 | 1876. | 65.36,1 |
| 1818. | 68.26 | 1859. | 66.11 | 1877. | 65.35,0 |
| 1819. | 68.21 | 1861. | 66. 8 | 1878. | 65.32,7 |
| 1822. | 68.16 | 1862. | 66. 5,5 | | |

La diminution paraît se ralentir. Mais il ne faut pas accorder à ces données une précision absolue, car les jours d'observation ont été, en général, des jours arbitraires, non exempts de perturbations accidentelles ou périodiques. De 1865 à 1869 on a le résultat de l'année moyenne, et depuis 1875 c'est la moyenne diurne du premier semestre.

Telles sont les observations de Paris. L'Observatoire de Bruxelles nous offre de son côté une série qui n'est pas moins intéressante. M. Ernest Quetelet a présenté en 1878 (quelques mois avant sa mort) à l'Académie de Belgique un Mémoire sur les coordonnées magnétiques observées là pendant un demi-siècle. Il expose d'abord l'ensemble des déterminations magnétiques sans leur faire subir aucune modification; il détermine ensuite les corrections qui doivent être appliquées à ces premiers résultats et il arrive ainsi à établir les séries de valeurs de la déclinaison et de l'inclinaison moyennes depuis 1828 jusqu'en 1876.

Quand on examine ces nombres, ce qui attire d'abord l'attention, c'est l'extrême régularité avec laquelle ils procèdent; les variations accidentelles sont relativement peu importantes, quand on les compare avec le mouvement séculaire général qui entraîne la ligne magnétique avec une régularité presque astronomique.

Les positions successives de la ligne magnétique déterminée par ses deux composantes angulaires constituent un cône dont la nature géométrique n'est pas encore connue; elle ne pourra l'être que lorsqu'on aura défini la force qui produit ce mouvement remarquable. Dans cette conjoncture, le moyen de recherche qui s'offre d'abord à l'esprit est de comparer cette surface avec une autre surface simple ayant une définition géométrique, et la plus simple de toutes, dans le cas actuel, est le cône de révolution. Parmi les différents cônes essayés, celui qui paraît donner les meilleurs résultats a pour coordonnées de son axe les angles

$$D = 9^\circ 43' \text{ouest}, \quad I = 71^\circ 3'.$$

Ces coordonnées sont rapportées au méridien et à l'horizon de Bruxelles, comme la déclinaison et l'inclinaison. L'équation du petit cercle, base du cône, est

$$Mx + Ny + Pz = 1,$$

dans laquelle

$$\log M = \bar{1},5068531 \quad \log N = \bar{2},7404394 \quad \log P = \bar{1},9773891.$$

Il est aisé d'en conclure les coordonnées sphériques de l'axe du cône rapportées à l'équateur et au méridien de Bruxelles :

$$H = 3^\circ 43' \text{est}, \quad D = 32^\circ{}'6 \text{ bor.}$$

On peut se représenter cette direction en lui menant une parallèle par le centre de notre globe ; cette ligne irait percer d'une part la surface terrestre au nord-est de la Nouvelle-Zélande, près des îles Kermadec, et de l'autre elle sortirait dans le sud de la Tunisie, près des lacs salés connus sous le nom de *chotts*. C'est autour de cet axe que la ligne magnétique paraît effectuer actuellement son mouvement à Bruxelles; cependant rien ne prouve jusqu'ici que cet axe soit absolument invariable. Quoi qu'il en soit, les faits principaux qui peuvent se déduire des recherches contenues dans ce Mémoire sont les suivants :

1° La ligne magnétique s'écarte fort peu d'un axe central avec lequel elle fait un angle d'environ 5°.

2° La ligne magnétique tourne autour de cet axe. Le mouvement a lieu en sens inverse du mouvement diurne de la Terre; l'angle décrit annuellement est de 42',2 et la révolution complète paraît devoir s'accomplir en 512 ans;

3° Les mouvements secondaires de la ligne magnétique, de même que les déplacements accidentels produits par différentes causes, n'altèrent pas sensiblement le mouvement principal séculaire.

Voici la déclinaison et l'inclinaison magnétiques moyennes régularisées pour chaque année; en regard on a inscrit les coordonnées angulaires correspondantes du cône de révolution, en supposant le mouvement de la génératrice uniforme, c'est-à-dire proportionnel au temps :

## *Direction moyenne de l'aiguille aimantée à Bruxelles.*

| Années. | Déclinaison et inclinaison moyennes. | | Coordonnées angulaires des génératrices du cône de révolution. | |
|---|---|---|---|---|
| | ° ′ | ° ′ | ° ′ | ° ′ |
| 1828... | 22.29,0 | 68.56,9 | 22.40,2 | 68.55,7 |
| 1829... | 24,1 | 55,1 | 34,9 | 52,8 |
| 1830.. | 20,0 | 52,4 | 29,5 | 49,9 |
| 1831... | 16,3 | 49,8 | 24,0 | 46,9 |
| 1832... | 12,9 | 46,4 | 18,5 | 43,9 |
| 1833... | 9,7 | 42,4 | 12,9 | 40,9 |
| 1834... | 6,7 | 38,4 | 7,2 | 38,0 |
| 1835... | 3,7 | 34,7 | 1,5 | 35,1 |
| 1836... | 0,6 | 31,5 | 21.55,7 | 32,2 |
| 1837... | 21.56,9 | 28,5 | 49,8 | 29,3 |
| 1838... | 52,5 | 25,6 | 43,8 | 26,4 |
| 1839... | 47,1 | 22,8 | 37,8 | 23,6 |
| 1840... | 40,9 | 20,0 | 31,7 | 20,7 |
| 1841... | 34,2 | 17,1 | 25,6 | 17,9 |
| 1842... | 27,1 | 14,2 | 19,3 | 15,2 |
| 1843... | 19,8 | 11,4 | 13,0 | 12,4 |
| 1844... | 12,5 | 8,7 | 6,6 | 9,7 |
| 1845... | 5,3 | 6,2 | 0,2 | 7,0 |
| 1846... | 20.57,9 | 3,7 | 20.27,7 | 4,3 |
| 1847... | 50,4 | 1,3 | 47,1 | 1,7 |
| 1848... | 42,7 | 67.58,8 | 40.5 | 67.59,0 |
| 1849... | 35,0 | 56,3 | 33,8 | 56,5 |
| 1850... | 27,3 | 53,6 | 53,1 | 53,9 |
| 1851... | 19,7 | 51,0 | 20,3 | 51,3 |
| 1852... | 12,2 | 48,5 | 13,5 | 48,7 |
| 1853... | 4,9 | 46,0 | 6,6 | 46,3 |
| 1854... | 19.57,7 | 43,7 | 19.59,6 | 43,9 |

*Direction moyenne de l'aiguille aimantée à Bruxelles* (suite).

| Années. | Déclinaison et inclinaison moyennes. | | Coordonnées angulaires des génératrices du cône de révolution. | |
|---|---|---|---|---|
| | ° ′ | ° ′ | ° ′ | ° ′ |
| 1855... | 19.50,7 | 41,3 | 19.52,5 | 67.41,4 |
| 1856.. | 44,0 | 38,8 | 45,4 | 39,0 |
| 1857.. | 37,4 | 36,5 | 38,3 | 36,6 |
| 1858... | 31,1 | 67.34,2 | 31,1 | 34,3 |
| 1859... | 24,7 | 32,1 | 23,9 | 32,0 |
| 1860... | 18,2 | 29,9 | 16,6 | 29,6 |
| 1861... | 11,5 | 27,7 | 9,3 | 27,4 |
| 1862... | 4,4 | 25,5 | 1,9 | 25,2 |
| 1863... | 18.56,8 | 23,4 | 18.54,5 | 22,9 |
| 1864... | 49,0 | 21,3 | 47,0 | 20,7 |
| 1865... | 41,0 | 19,1 | 39,5 | 18,7 |
| 1866... | 32,7 | 16,9 | 31,9 | 16,7 |
| 1867... | 24,3 | 14,8 | 24,3 | 14,5 |
| 1868... | 15,7 | 12,9 | 16,7 | 12,4 |
| 1869... | 7,4 | 11,2 | 9,0 | 10,3 |
| 1870... | 17.59,3 | 9,8 | 1,2 | 8,3 |
| 1871... | 51,4 | 8,3 | 6,4 | 8,3 |
| 1872... | 43,8 | 6,6 | 17.45,6 | 4,4 |
| 1873... | 36,3 | 4,1 | 37,8 | 2,6 |
| 1874... | 28,6 | 0,7 | 29,8 | 0,7 |
| 1875... | 20,8 | 66.57,7 | 21,9 | 66.58,8 |
| 1876... | 17.13,7 | 66.57,3 | 13,9 | 66.57,0 |

Ce mouvement d'ensemble de tout le magnétisme terrestre, qui pourrait tenir à la constitution physique du globe lui-même, M. Faye pense qu'il faut en chercher la cause, non dans le ciel, mais dans les lentes modifications dont la surface de notre globe est le théâtre; il ajoute que cette cause peut être due aux travaux des hommes eux-mêmes et à l'action continuelle des forces géologiques. Le savant astronome oublie peut-être le ciel un peu vite ici. Pouvons-nous oublier nous-mêmes que notre Terre n'est en définitive qu'une planète, qu'une petite planète, et que les mouvements séculaires du Soleil, qui nous sont encore inconnus, et les perturbations séculaires des planètes, ne peuvent pas ne pas agir sur notre mobile petit globe? D'ailleurs, si la variation est périodique, si l'aiguille, par exemple, a employé 234 ans pour osciller de l'est à l'ouest, et si elle met le même temps pour revenir de l'ouest à l'est, la période entière serait de 468 ans, et nous ne pouvons pas imaginer que le globe revienne, au point de vue géologique, géographique, climatologique et *humain* (déboisement, culture, etc.) tous les 468 ans au même état, et soit en 2048 tel qu'il était en 1580. Le Soleil et les planètes agissent, au contraire, sur notre globe pour produire dans ses mouvements célestes des perturbations séculaires qui peuvent correspondre avec celles du magnétisme terrestre. Le Soleil lui-même peut éprouver des variations périodiques de cet ordre.

M. Quet a essayé d'appliquer le calcul à la théorie qui attribue au Soleil une action directe sur les fluides magnétiques et électriques de la Terre. Dans cette hypothèse [1], il regarde le Soleil comme le siége de

[1] *Comptes rendus* du 11 mars 1878.

courants électriques fermés, de dimensions, de forme, d'orientation et d'intensité quelconques. Cette constitution comprend le cas où l'astre contiendrait des corps magnétiques, que l'on peut toujours considérer comme des assemblages de courants particulaires.

L'action de ce système, quelque compliquée qu'elle puisse être près de la surface, devient assez simple lorsqu'elle s'applique à des points très-éloignés, comme ceux de la Terre. On démontre qu'elle est équivalente à celle d'un courant unique qui se propagerait, avec une intensité convenable, sur la circonférence d'un grand cercle solaire dont le plan serait bien choisi. Ce courant fictif sera le grand courant solaire ou le courant résultant; le diamètre du Soleil, perpendiculaire à ce plan, sera l'axe électrodynamique de l'astre, et ses deux extrémités en seront les pôles électrodynamiques.

Si la Terre ne tournait pas et ne se mouvait pas dans son orbite, si le Soleil n'avait pas non plus de mouvement de rotation et si ses pôles électrodynamiques étaient immobiles à sa surface, l'action exercée par l'astre sur les courants particulaires des corps magnétiques de notre globe tendrait à donner une certaine direction à l'axe de ces courants et à aimanter la Terre dans un certain sens.

Mais le Soleil et la Terre tournent sur eux-mêmes. « L'état magnétique de notre globe doit éprouver, dit l'auteur, des changements périodiques, qui dépendront de sa vitesse de rotation et de son mouvement de translation sur l'orbite; en second lieu, les fluides électriques de la Terre seront mis en mouvement dans es bons conducteurs, par des forces électromotrices d'induction dues à la rotation et à la translation de la Terre; le Soleil, en tournant sur lui-même, induira notre globe, et les variations d'intensité de ses courants électriques engendreront aussi des forces électromotrices, qui seront régulières ou périodiques comme les variations d'où elles dérivent.

» J'ai calculé, dit M. Quet, d'une manière générale et complète, les composantes de toutes les forces qui se produisent dans ces conditions très-diverses, et j'ai obtenu des valeurs constantes et des valeurs périodiques.

» La période du jour solaire moyen, qui est fondamentale dans les variations des boussoles, ainsi que celle de l'année solaire, ne se trouvent pas dans les composantes des forces qui agissent sur les fluides magnétiques de la Terre, ni dans celles des forces électromotrices d'induction, qui proviennent de la rotation de la Terre; mais ces forces donnent la période du jour sidéral, qui jouit de cette propriété importante, que les phénomènes réglés sur elle changent de sens de six mois en six mois, pour une même heure du jour solaire.

» C'est dans les forces électromotrices d'induction, dues à la translation de la Terre sur son orbite, et à la rotation du Soleil, que j'ai rencontré la période fondamentale du jour solaire moyen et celle de l'année solaire.

» Mes formules résolvent, dans toute leur généralité, les divers problèmes que j'ai indiqués. Pour examiner les phénomènes produits par les forces, il est bon de distinguer plusieurs cas. Dans cette Communication, je me bornerai à faire connaître les conséquences des formules, lorsque les pôles électrodynamiques du Soleil sont sur les pôles de rotation; pour fixer les idées, je supposerai que le pôle électrodynamique austral et le pôle nord de rotation coïncident.

» Considérons une terre fictive, convenablement constituée au point de vue des corps magnétiques et des bons conducteurs de l'électricité, tournant sur elle-même et décrivant une orbite autour d'un soleil sillonné de courants électriques assez intenses pour agir avec efficacité sur elle. Examinons tour à tour les effets des forces constantes et des forces variables, et appliquons ce principe général de Laplace, que l'état d'un système de corps devient périodique, comme les forces qui les animent, lorsque l'effet des conditions primitives du mouvement a disparu par l'action des résistances.

» Cette terre fictive s'aimantera; elle aura son pôle magnétique boréal au nord de l'équateur et son pôle austral au sud.

» Son atmosphère sera chargée d'électricité positive, dont la tension augmentera avec la hauteur au-dessus du sol. Les couches intérieures et voisines du sol seront électrisées négativement.

» A la surface de cette terre, les boussoles éprouveront des changements continuels, soit dans la direction de l'aiguille aimantée, soit dans l'intensité de la force qui l'anime.

» Ces changements seront soumis à une variation diurne réglée sur les heures solaires.

» La marche de cette variation diurne sera de sens contraire dans les deux hémisphères séparés par l'équateur.

» La variation diurne sera accompagnée d'une inégalité annuelle.

» Pour cette inégalité, la marche de la boussole sera de même sens dans les deux hémisphères.

» Il y aura, dans le mouvement des boussoles, une variation annuelle réglée sur les mois solaires.

» Des perturbations seront éprouvées par les boussoles, si les courants électriques solaires varient d'intensité. Au même instant du temps absolu, le pôle austral de la boussole de déclinaison subira, sur toute la surface de la terre fictive, des écarts simultanés inégaux, étendus en certaines régions, faibles ou nuls en d'autres, ici dirigés vers l'orient et là vers l'occident. Ces perturbations auront un caractère périodique, si l'état du Soleil varie périodiquement. L'aiguille aimantée pourra donc servir à étudier les changements électrodynamiques du Soleil.

» La terre fictive que nous venons de considérer offre une image très-frappante de ce qui se passe sur notre globe, et par cela même la théorie de l'action directe me semble avoir acquis un degré de probabilité qu'elle n'avait pas. »

A propos de cette théorie, rappelons que M. Zöllner attribue la formation des queues des comètes à une répulsion électrique du Soleil. M. Zenker avait objecté que le Soleil ne pouvait exercer d'action électrique à distance, parce que les deux électricités restent en quantités égales à sa surface et qu'il serait contraire à toutes les notions connues de supposer que l'une des deux pût se répandre dans l'espace de manière à laisser l'autre en excès. M. Zöllner répond en citant l'opinion d'un grand nombre de physiciens (Becquerel, Hornstein, etc.), qui admettent que l'hydrogène provenant des décompositions solaires emporte avec lui dans l'espace d'immenses quantités d'électricité. En outre, lors même que les deux électricités seraient en égales proportions dans le Soleil, pour ceux qui, avec Euler, Edlund, etc., considèrent les phénomènes électriques comme provenant d'une rupture d'équilibre dans l'éther, les potentiels à distance peuvent parfaitement n'être pas égaux.

Voilà une série d'observations et de discussions qui, peut-être, a pu paraître un peu longue à un certain nombre de nos lecteurs; mais il était important de placer sans parti pris devant nous tous les éléments de la question : c'était évidemment là le seul moyen de nous former une opinion sérieuse sur cet intéressant et important sujet des rapports physiques qui existent entre le Soleil et la Terre. Si je ne m'abuse pas, notre opinion se trouve maintenant à peu près fixée en faveur de l'existence réelle de ces rapports, abstraction faite de toute théorie explicative. Les faits qui vont suivre compléteront nos conclusions en nous montrant une correspondance non moins constante entre les aurores boréales et les taches du Soleil. Ainsi cette question complexe aura été traitée aussi complètement que possible dans ce petit Volume; ainsi nous saurons au juste à quoi nous en tenir sur l'état actuel de nos connaissances positives à l'égard de ces curieuses relations.

## VIII.

## RELATION ENTRE LES TACHES SOLAIRES ET LES AURORES BORÉALES.

Ce n'est pas seulement avec les variations du magnétisme que l'on a remarqué une concordance des taches solaires, mais c'est encore avec le nombre des aurores boréales que l'on observe chaque année. Il n'est personne, en effet, qui n'ait remarqué les aurores boréales de 1869, 1870, 1871 et 1872, coïncidant avec la plus grande fréquence des taches en ces années. Est-ce là une coïncidence fortuite? S'est-elle présentée aux autres époques de maxima? Si la correspondance des taches avec les phénomènes du magnétisme terrestre était irréfutablement démontrée, celle des aurores en serait une conséquence naturelle, puisqu'elles appartiennent elles-mêmes à ces phénomènes. On se souvient qu'Arago annonçait les aurores d'après les perturbations de l'aiguille aimantée. D'ailleurs une correspondance manifeste entre les taches solaires et les aurores serait un argument d'une grande valeur pour confirmer la même correspondance avec le magnétisme.

Loomis en Amérique, Zöllner en Allemagne, ont formé des tableaux de la correspondance probable entre les années de maxima et minima des aurores et les mêmes années de taches solaires. Ces tableaux ne restent pas toujours identiques à eux-mêmes, car il y a encore ici un certain arbitraire suivant les contrées examinées; on voit, par exemple, dans le tableau de Zöllner, publié dans *l'Annuaire du Bureau des Longitudes pour* 1874, les maxima notés pour 1779, 1788, 1804, 1819, 1830, 1840, 1849, années non identiques à celles du tableau construit par Loomis, et plus récent. Mais une correspondance moyenne générale suffirait pour constater la correspondance.

Voici le tableau de M. Loomis :

*Correspondance des taches solaires de la déclinaison magnétique et des aurores boréales.*

| Taches solaires. | Déclinaison. | Aurores. |
|---|---|---|
| | MAXIMA. | |
| 1778 | 1777 | 1778 |
| 1788,5 | 1787 | 1787,5 |
| 1804 | 1803 | 1804,5 |
| 1816,5 | 1817,5 | 1818 |
| 1829,5 | 1829 | 1830 |
| 1837 | 1838 | 1840 |
| 1848,5 | 1848,5 | 1850,5 |
| 1860 | 1859,5 | 1859,5 |
| 1870 | 1870,5 | 1830,5 |
| | MINIMA. | |
| 1784 | 1784 | 1784 |
| 1798 | 1799,5 | 1798 |
| 1810 | ? | 1811 |
| 1823 | 1823,5 | 1823 |
| 1833,5 | ? | 1734,5 |
| 1843,5 | 1844 | 1843,5 |
| 1856 | 1856 | 1856 |
| 1867 | 1867 | 1867 |

La correspondance entre le nombre annuel des aurores, la variation de la déclinaison magnétique et du nombre des taches solaires est rendue manifeste par la *fig.* 32, qui représente la courbe de ces trois éléments depuis le maximum de 1778 jusqu'au minimum de 1878, soit pendant un *siècle entier*. Ce diagramme comparatif est du plus haut intérêt, et s'il n'emporte pas encore la conviction entière sur la réalité de la correspondance, il en est bien près. En 1788, maximum considérable; calme relatif jusqu'en 1837; période assez régulière depuis cette époque; oscillations symétriques dans les trois courbes. Quoi de plus remarquable que cette correspondance? Il nous paraît bien difficile aujourd'hui de ne pas se rendre à l'évidence.

Admettant cette triple correspondance, M. Tacchini cherche à l'expliquer comme il suit :

L'accord entre ces maxima et minima des phénomènes est remarquable, et rien ne pourrait être plus convaincant comme preuve de la relation existant entre le développement des taches et celui des aurores. Cette concordance de dates ne doit pas cependant s'interpréter dans le sens que les taches soient la cause des aurores, mais plutôt qu'elles sont un produit des mêmes mouvements de la masse solaire qui provoquent l'augmentation du nombre des protubérances et des phénomènes secondaires, plus étroitement liés avec les aurores et considérés comme leur cause principale.

Il arrive souvent que ces mouvements produisent les diverses séries de phénomènes, mais sans taches. Dans les périodes d'activité solaire, tous peuvent

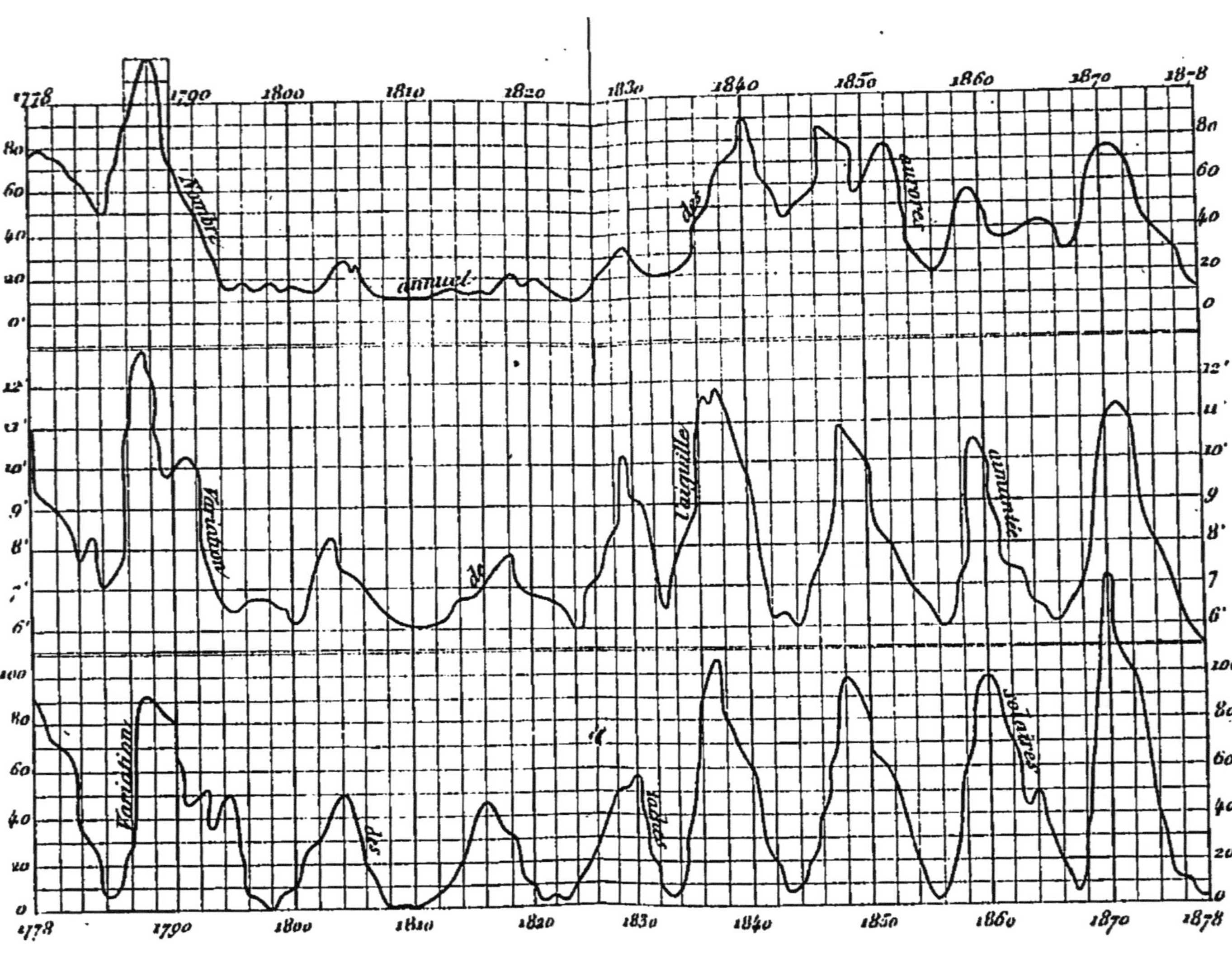
Nombre annuel des aurores
Variation de l'aiguille aimantée
Variation des taches et solaires
1778
1790
1800
1810
1820
1830
1840
1850
1860
1870
1878

coexister, puis, le nombre des taches allant en diminuant, cette activité reste encore suffisante pour occasionner des aurores solaires et partant des aurores terrestres. On a fréquemment pu constater, après la disparition des taches, la présence sur le disque de belles et abondantes facules.

« Dans la formation des protubérances, dit l'astronome italien, tenant compte de leur forme, de leur variabilité et de leur mouvement, on doit reconnaître l'action d'un agent analogue à l'électricité. Nous admettons même que l'électricité en est la cause première, et que, en conséquence, *leur présence doit être considérée comme l'indice d'un éclat électrique ou auroral particulier du Soleil,* de la même manière que nous voyons, lors de nos aurores terrestres, des nuages légers de notre atmosphère revêtir des formes spéciales, désormais connues, et qui doivent être attribuées à l'état électrique exceptionnel qui se manifeste à nous sous forme d'aurores plus ou moins brillantes. Il ne faut pas s'étonner si nous avons donné à ces phénomènes le nom *d'aurores solaires*, car, lors des éclipses totales de Soleil, on voit autour du disque noir de la Lune un anneau auroral continu qui enveloppe la chromosphère, et l'examen de son spectre donne précisément des raies qui se rencontrent aussi, d'après quelques observations récentes, dans le spectre de nos aurores polaires. Nous avons donc plus d'une raison pour considérer ces phénomènes comme étant de même ordre.

» Mes observations m'ont permis de vérifier que les facules ne sont autre chose que des protubérances de l'espèce la plus brillante. Ainsi, lorsque nous observons des facules sur le disque solaire, nous pouvons prédire l'apparition de belles protubérances au moment de leur arrivée sur le bord occidental, ou lorsque nous avons observé de belles protubérances sur le bord oriental, nous pouvons annoncer la présence des facules correspondantes sur le disque pour le jour suivant, parce qu'elles ne sont pas toujours visibles en même temps.

» Je n'ai jamais trouvé de tache solaire sans facules concomitantes, et j'ai toujours trouvé que, plus il y a de taches, plus est grand aussi le nombre des facules, non-seulement de celles qui accompagnent les taches, mais aussi de ces groupes isolés de facules qui n'ont pas de rapport direct avec elles. La conclusion est donc évidente : aux époques de maxima de taches solaires, correspondant à un grand nombre de facules, aura lieu aussi un développement plus grand de protubérances brillantes et de phénomènes secondaires. Et, comme conséquence de ce qui précède, on peut ajouter qu'il y aura aussi un plus grand développement d'électricité ou d'aurores solaires.

» Si à des époques fixes doivent se produire ainsi dans le Soleil des augmentations des phénomènes électriques dans de vastes proportions, il est évident que l'état électrique de notre planète devra s'en ressentir.

» Cette induction électrique exercée par le Soleil me paraît faciliter la définition du lien existant entre les protubérances et nos aurores boréales, contrairement à l'opinion opposée de quelques auteurs. Je leur réponds que je n'entends point établir définitivement que tel doit être le mode d'action du Soleil. Il m'importe peu d'en admettre un autre quelconque, mais mon but principal est de démontrer la relation entre les phénomènes de la chromosphère et de l'atmosphère solaires et nos aurores polaires. Aujourd'hui encore, cependant, je ne trouve aucune difficulté à admettre une semblable induction. Avec notre manière de voir, il est clair que nos aurores polaires devraient être plus encore en correspondance avec les phénomènes secondaires qu'avec les taches, puisque avant les taches se forment les facules. Souvent nous voyons au milieu d'une vaste région de facules ne se former que quelques pores sans aucune tache. Il n'est même point rare de voir le disque entier du Soleil dépourvu de taches, mais parsemé de belles facules. »

Voici les conséquences déduites par M. Tacchini lui-même.

1. Une augmentation sensible dans les phénomènes chromosphériques, surtout dans les phénomènes secondaires, doit faire prévoir comme probable l'apparition d'une aurore polaire.

2. Si les phénomènes continuent les jours suivants, l'aurore persistera à se montrer.

3. Dans le cas où aucun phénomène important ne serait perceptible sur le bord du Soleil au moyen du spectroscope et où l'on verrait sur le disque une augmentation dans le nombre des taches ou des facules, on devra aussi considérer comme probable l'apparition de l'aurore polaire.

4. Lors même qu'aucune tache ne serait visible,

cette chance pourrait subsister, parce que, même alors, il peut exister beaucoup de facules et de belles protubérances.

5. La période de formation des taches correspondant aux perturbations les plus intenses de l'atmosphère supérieure, on peut présumer qu'au moment de la naissance de nouvelles taches se déclareront des aurores. En revanche, le disque solaire pourra rester muni d'anciennes taches sans qu'il en résulte de trouble sensible dans l'état magnétique ou électrique de la Terre.

6. Il pourra donc exister des aurores boréales sans taches solaires et beaucoup de taches sans aurores; mais il y aura toujours concomitance entre les aurores solaires et les aurores terrestres.

7. Prises isolément, les aurores terrestres concorderont ordinairement avec les protubérances plutôt qu'avec les taches, tandis que les moyennes générales, résultant de longues séries d'observations, pourront coïncider tantôt avec l'une, tantôt avec l'autre série de phénomènes, protubérances ou taches.

8. L'observation d'éruptions brillantes aux époques de la naissance ou de la disparition des taches sera aussi l'indice d'apparition probable d'aurores.

Il pourrait aussi arriver que, dans les grandes périodes précitées, après la cessation du maximum du nombre de taches, celui des protubérances se prolongeât quelque temps encore. Dès lors, si les aurores sont en relation directe avec les protubérances plutôt qu'avec les taches, il en résulterait que les maxima des aurores terrestres pourraient parfois se trouver un peu déplacés par rapport à ceux des taches, et cela dans le sens d'un retard ou d'une prolongation du maximum même, tandis que les minima devraient mieux concorder. Les faits recueillis par M. Loomis s'accordent avec cette hypothèse. Dans son tableau (*voir* p. 250) on remarque quelques différences dans les comparaisons de date des maxima : en 1840 cette différence atteint trois ans, en 1850 deux ans. Pour les minima la différence n'est sensible que dans deux cas. Or l'année 1810 ne présente qu'une seule aurore; en sorte qu'elle n'offre pas de réelle déviation à la loi des minima. La comparaison générale des dates des deux séries amène à la conclusion que les périodes critiques de la courbe aurorale arrivent un peu plus tard chez celles de la courbe des taches et que le maximum des aurores se prolonge souvent plus que celui des taches.

Une comparaison avec la courbe magnétique offre un accord encore plus frappant, comme on pouvait le prévoir; mais là aussi la coïncidence est plus complète pour les minima. Quant à la connexion existant entre les trois classes de phénomènes, M. Loomis est d'avis que l'on ne peut attribuer aucune influence quelconque à une petite tache noire du disque solaire sur le magnétisme ou l'électricité terrestre; mais on doit plutôt conclure que la tache est le résultat d'une perturbation dans la surface du Soleil, accompagnée d'une émanation dont l'influence est presque instantanément ressentie sur la Terre et manifestée par une variation exceptionnelle de son état magnétique et par un flux d'électricité développant des aurores boréales dans les régions supérieures de notre atmosphère. Cette opinion de M. Loomis s'accorde avec les idées émises par l'astronome de Palerme dès avril 1871 : « La seule observation des protubérances au spectroscope, écrivait-il, servira à prédire les aurores. Si ces observations pouvaient être pratiquées d'une manière continue, on pourrait mieux se rendre compte de ces phénomènes, attribués à une cause qui n'était peut-être qu'apparente, ou n'en constituait que la plus petite part. On a, par exemple, constaté parfois qu'au moment de l'apparition d'une seule tache des perturbations magnétiques se sont manifestées. Mais si le spectroscope avait révélé la présence de nombreuses protubérances, on aurait pu douter si la variation magnétique devait s'attribuer à la tache seule. L'observation sans spectroscope n'avait toutefois point tort en la rapprochant de la présence de cette tache. »

Les taches solaires, considérées comme diagnostics d'un mouvement spécial à la surface du Soleil, devront donc nécessairement, dans leurs grandes périodes, se trouver en relation avec les périodes des aurores polaires. Mais on devra admettre que la cause déterminante de l'aurore terrestre et le développement des phénomènes électriques dans la chromosphère et l'atmosphère solaires dérivent du mouvement particulier de la surface de l'astre, phénomènes que nous pouvons étudier au moyen du spectroscope, au bord du Soleil seulement, et auxquels on a donné le nom de *phénomènes secondaires*.

Ainsi se trouverait expliqué d'une manière très-satisfaisante comment, même sans taches, nos aurores doivent être néanmoins envisagées comme le produit de mouvements solaires correspondants. Ce n'est pas dire pour cela que toutes les aurores, indistinctement, soient un résultat de celles qui se manifestent sur le Soleil.

L'état électrique et magnétique de notre Terre peut être troublé par d'autres causes, tant internes qu'externes, en dehors de l'influence solaire. Certaines aurores polaires pourront donc être considérées comme indépendantes des phénomènes solaires. Ainsi, par exemple, il ne sera pas difficile de s'expliquer comment un grand bouleversement ou une bourrasque atmosphérique pourra produire une perturbation électrique, capable de se manifester en aurore et en variation magnétique correspondante. Il en est de même lors des petits orages, qui occasionnent en certaines circonstances de violentes décharges électriques, amenant des mouvements sensibles dans les aiguilles, même à de grandes distances. Le passage de la Terre au travers d'un courant météorique doit également favoriser le développement de phénomènes auroraux, et même chose peut se dire de l'état des composants internes de notre Terre, sujets à des variations dont nous ne connaissons ni la forme ni les lois, mais qui se révèlent à nous de temps à autre, sous forme de tremblements de terre et d'éruptions volcaniques. Nous ne pouvons donc pas exclure le cas où une aurore est l'effet, en tout ou en majeure partie, des modifications ou des convulsions qui s'accomplissent à notre insu dans l'intérieur du globe terrestre.

Quel est le mode d'action du Soleil sur notre électricité atmosphérique? Telle est une nouvelle question à résoudre. M. Becquerel assigne à l'électricité une origine solaire et a publié sur ce sujet un travail très-étendu et détaillé, que nos lecteurs trouveront reproduit plus loin. M. Loomis a émis une opinion semblable : « Les apparences, dit-il, sont favorables à l'idée que cette émanation (c'est-à-dire l'influence du Soleil développant les aurores) consiste en un flux direct d'électricité partant du Soleil. Si nous soutenons que la lumière et la chaleur sont le résultat des vibrations d'un éther remplissant tout l'espace, l'analogie entre ces agents et l'électricité nous amènera à conclure que cet agent est aussi le résultat des vibrations du même milieu, et au moins qu'il est une force capable de se propager à travers l'éther avec une vitesse analogue à celle de la lumière. Tant que cette influence voyage à travers les espaces célestes vides, elle ne développe pas de lumière; mais aussitôt qu'elle rencontre l'atmosphère terrestre, elle développe de la lumière, et ses mouvements sont modifiés par la force magnétique de la Terre de la même manière qu'un aimant artificiel agit sur un courant électrique circulant autour de lui. »

Ces émanations directes d'électricité du Soleil jusqu'à nous s'accordent aussi avec les théories de Donati et Serpieri, émises à propos de leurs études sur la relation existant entre les phénomènes solaires et le magnétisme, et entre les panaches des éclipses totales et la position des planètes de notre système. Nous avons la preuve que le Soleil, avec sa puissante activité, entretient autour de lui une vaste atmosphère dans le fait de la hauteur extraordinaire à laquelle parviennent certaines masses d'hydrogène, qui, s'élevant à plus de 6 minutes de la chromosphère, nous présentent l'aspect de nuages brillants flottant dans l'atmosphère solaire. En outre, l'observation des éclipses totales nous permet de voir cette atmosphère dans toute sa plénitude, sa force et sa structure toute spéciale. Elle s'allie avec l'hypothèse d'une émission générale, qui, n'étant pas toujours de la même énergie, a pour résultat que cette atmosphère présente, dans les différentes éclipses, des hauteurs et des particularités diverses. M. Janssen écrivait, après ses intéressantes observations de l'éclipse totale de décembre 1871, sur l'aspect de la couronne solaire: « Il est incontestable qu'elle se présente avec des formes singulières et qui rappellent peu les formes d'une atmosphère en équilibre. Je suis maintenant porté à croire que ces apparences sont produites par des traînées de matière plus lumineuse et dense, qui émanent des régions inférieures et vont sillonner ce milieu agité. »

En outre, la forme de cette couronne paraît, d'après les recherches du P. Secchi, être en rapport avec la distribution des protubérances qui, s'élevant de préférence dans des régions déterminées, y occasionnent des courants ascendants et une circulation proportionnée à l'activité régnant sur le Soleil.

Tout cela ne démontre pas cependant que ces jets ou ces panaches solaires n'aient qu'à s'étendre jusqu'à nous pour produire à leur arrivée dans notre atmosphère des aurores, en sorte que celles-ci seraient un phénomène plutôt solaire que terrestre. On ne peut admettre cette explication; mais le phénomène des aurores paraît être un phénomène électrique dérivant d'un trouble dans l'état électrique de la Terre produit par l'influence des commotions de la masse solaire, qui se manifestent à nous tout spécialement par l'apparition des phénomènes secondaires de l'atmosphère du Soleil.

Les aurores sont évidemment intimement liées aux conditions physico-météoriques et à la forme de notre globe; elles sont plus fréquentes dans certaines latitudes, presque permanentes dans d'autres, et presque entièrement absentes dans d'autres encore. On peut en dire autant des autres lois connues de ces phénomènes et affirmer que les aurores polaires sont un phénomène constant à la surface de la Terre, dû à l'état électro-magnétique de sa masse.

L'astronome de Palerme ajoute à ce propos : « Cet état peut dériver de l'influence des mouvements de la masse solaire, le Soleil étant arrivé à un degré d'activité assez intense pour donner lieu aux plus magnifiques aurores, visibles dans certains cas jusqu'aux latitudes les plus basses, de manière à embrasser le globe quasi dans son entier, comme cela est arrivé en février 1872. Le plus souvent cependant l'aurore demeure limitée aux régions polaires, les autres pays ne s'en ressentant que par les perturbations magnétiques signalées par les appareils. Excluant l'idée d'une émission d'électricité par le Soleil à des distances énormes qui atteindraient la Terre et les autres planètes, on peut supposer la transmission d'un mouvement ou de vibrations spéciales dans l'éther, produites en correspondance avec l'émission coronale limitée. Elle se propagerait jusqu'à nous conformément aux hypothèses de M. Loomis, ou au travers de la grande nébulosité constituant la lumière zodiacale dont nous voyons l'éclat se raviver sous l'influence des aurores boréales, comme l'a constaté M. Garibaldi à Gênes. Il serait ainsi plus aisé de concilier les diverses opinions et de réunir ces diverses catégories de faits, en pensant que les aurores ne sont ni des phénomènes purement terrestres, ni purement solaires, mais bien le résultat de l'action réciproque qui s'exerce entre deux corps célestes, et dans notre cas entre la Terre et le Soleil, action qui se révèle par les chiffres exprimant les périodes des taches solaires, du magnétisme terrestre et des aurores polaires. Dans peu d'années, on pourra ajouter à ces séries celle des périodes des phénomènes protubérantiels. »

Déjà en 1869, M. Gautier avait indiqué les conclusions suivantes de ses études sur les aurores (*Archives des Sciences physiques et naturelles*) :

« Il me paraît bien effectivement établi que dans nos basses latitudes l'apparition des aurores boréales est soumise à une loi de périodicité. Mais, comme il faut qu'elles aient une certaine intensité pour être visibles au delà des régions polaires, on peut dire que c'est seulement leur intensité qui est soumise à cette périodicité. Elles constitueraient donc un phénomène constant, dû au rétablissement continu de l'équilibre électrique entre la Terre et l'atmosphère, s'opérant dans le voisinage des pôles ; mais l'intensité du phénomène, ou, ce qui revient au même, l'intensité de l'électricité atmosphérique qui le produit, serait soumise à des variations régulières et périodiques, ce qui prouverait que l'origine de cette électricité doit être cherchée en dehors de notre globe, dans le Soleil probablement. Cette manière d'envisager le phénomène de la périodicité, qui est parfaitement d'accord avec les faits, montre que cette périodicité n'est nullement en opposition avec l'explication électro-magnétique des aurores polaires : explication indépendante de la cause de l'électricité atmosphérique, mais qui repose uniquement sur l'existence incontestable de cette électricité. »

Voici maintenant la théorie de l'*origine céleste de l'électricité atmosphérique*, publiée en 1871 par M. Becquerel dans les *Comptes rendus de l'Académie des Sciences :*

« On ignore encore l'origine de l'électricité atmosphérique, malgré les recherches faites jusqu'ici pour y parvenir; les découvertes récentes sur la constitution physique et chimique du Soleil et les recherches auxquelles nous nous livrons depuis quelque temps permettent aujourd'hui d'aborder cette importante question.

La Terre et l'atmosphère sont de vastes réservoirs d'électricité, où la nature va puiser les causes des orages et d'autres phénomènes atmosphériques; l'un et l'autre sont dans deux états électriques différents lorsque le ciel est serein. L'air possède un excès d'électricité positive, dont l'intensité va en augmentant et s'élevant au-dessus du sol, jusque dans les régions les plus élevées de l'atmosphère, là où se montrent les aurores boréales, phénomènes dus à des décharges électriques, comme le prouvent leur action sur l'aiguille aimantée et divers effets dont il sera question plus loin; la Terre possède un excès d'électricité négative, dont on ne connaît pas la distribution dans son intérieur.

Les causes physiques, chimiques et physiologiques qui dégagent de l'électricité à la surface de la Terre ne peuvent fournir les quantités énormes d'électricité répandues dans les espaces planétaires. Si cela était, pourquoi la tension de l'électricité positive irait-elle en augmentant, quand le contraire devrait avoir lieu, en s'éloignant de la source d'électricité?

Il reste à examiner jusqu'à quel point il est possible de lui attribuer une origine céleste.

Lorsqu'on eut observé deux protubérances roses pendant l'éclipse totale du 8 juillet 1842, on se trouva, suivant l'expression d'Arago, sur la trace d'une troisième enveloppe, située au-dessus de la photosphère, formée de nuages obscurs ou lumineux. On ne commençait encore qu'à soupçonner l'existence d'une troisième enveloppe ou de l'atmosphère solaire. Dans la séance du 18 janvier 1869, M. Janssen annonça à l'Académie qu'il existe autour du Soleil une atmosphère hydrogénée et qu'il était parvenu à suivre les protubérances jusque sur le Soleil lui-même. Les protubérances ne sont donc que les portions les plus saillantes de la matière hydrogénée qui entoure de toutes parts le Soleil. Peut-être ne sont-elles que des projections gazeuses.

Indépendamment des quinze à vingt substances qui

se trouvent dans la photosphère, d'après l'analyse de la lumière qui en émane, substances qui font partie de la Terre, M. Rayet a observé, dans les raies du spectre, une raie jaune qui n'appartient pas au sodium, mais bien à une substance non décrite encore. En outre le P. Secchi a trouvé de la vapeur d'eau dans la même atmosphère.

Les taches, qui ont quelquefois 16000 lieues d'étendue, paraissent être les cavités par lesquelles s'échappent de la photosphère l'hydrogène et les diverses substances qui composent l'atmosphère solaire. Or l'hydrogène, qui ne paraît être, d'ici, que le résultat d'une décomposition, emporte avec lui de l'électricité positive, qui se répand dans les espaces planétaires, puis dans l'atmosphère terrestre et même dans la Terre, en diminuant toujours d'intensité, à cause de la mauvaise conductibilité des couches d'air, de plus en plus denses, et de celle de la croûte superficielle de la Terre. Celle-ci ne serait donc négative que parce qu'elle serait moins positive que l'air.

Pour montrer comment l'électricité positive émanant du Soleil se répand dans les espaces planétaires, M. Becquerel rappelle que l'électricité ne se propage dans un milieu qu'autant que ce milieu contient de la matière qui lui sert de véhicule. On sait effectivement que les propriétés lumineuses de l'électricité appartiennent, en grande partie, sinon en totalité, à la matière pondérable à travers laquelle les décharges sont transmises.

La présence de l'électricité n'est constatée, dans les expériences dont il est question, que par des effets lumineux; mais il y a d'autres moyens à l'aide desquels on peut manifester cette présence : il suffit pour cela de mettre en communication avec le conducteur d'une machine électrique en action un vase de métal contenant un liquide vaporisable; on ne tarde pas à s'apercevoir que l'évaporation est plus grande que celle qui a lieu dans un vase semblable contenant le même liquide, mais non électrisé. Il est prouvé par là que l'électricité peut se répandre dans un espace vide quand elle peut entraîner avec elle de la matière.

On a invoqué ensuite un autre ordre de phénomènes pour démontrer l'existence de la matière gazeuse dans l'espace bien au delà de l'étendue que l'on assigne à l'atmosphère terrestre : nous voulons parler des aurores boréales, qui sont dues à des décharges électriques, produites dans des milieux où il existe encore des matières gazeuses. On a déterminé la distance de ces météores à la Terre à l'aide de la méthode des parallaxes : on a trouvé, par exemple, que l'aurore boréale du 19 octobre 1726, visible en même temps à Varsovie, Moscou, Rome, Naples, Lisbonne, avait son siége à $200^{km}$ au moins de la surface terrestre.

La Commission scientifique envoyée dans le nord en 1838 et 1839 a eu l'occasion d'observer 143 aurores boréales, qui étaient produites à des distances de la Terre variant de $100^{km}$ à $200^{km}$.

On rapporte ensuite, dans le Mémoire, tout ce qui concerne le bruissement, plus ou moins fort, entendu, pendant les aurores boréales, par les habitants des régions polaires, situées à de grandes distances les unes des autres, bruissement que n'ont pu constater Biot, dans les îles Shetland, et la Commission envoyée dans le nord, peut-être à cause de la distance où ils se trouvaient du météore; mais on ne saurait révoquer en doute ces témoignages, surtout d'après l'assertion de Bergmann. Des voyageurs, en traversant les montagnes de la Norvége, ayant été enveloppés par une aurore boréale, ont senti une forte odeur de soufre que l'on ne pourrait attribuer qu'à la présence de l'ozone ou de l'oxygène électrisé. De pareils faits ont été constatés par M. Paul Rolier, l'intrépide aéronaute, qui, parti de Paris en décembre 1870, pendant le siége, est descendu quatorze heures après en Norvége, sur une montagne de 1300$^{m}$ de hauteur, couverte de neige, au milieu des plus grands périls, qu'il a surmontés avec une rare intelligence.

A travers un brouillard plus rare, il put voir s'agiter les brillants rayons d'une aurore boréale, qui répandait partout son étrange lumière.

Bientôt, un son étrange, un mugissement incompréhensible se fait entendre. Le bruit cesse complétement. Il s'élève alors une odeur de soufre des plus prononcées, presque asphyxiante.

D'après ces observations d'un homme qui n'était point préoccupé de questions scientifiques et qui confirment les témoignages des habitants des régions polaires et des voyageurs en Norvége, on ne saurait donc élever aucun doute sur leur véracité.

Ces principes posés, les deux questions suivantes ont été discutées :

1° L'électricité positive, en sortant de la photosphère avec le gaz hydrogène, se répand dans les espaces planétaires non-seulement avec le concours des matières gazeuses plus ou moins diffuses qui s'y trouvent, mais encore avec celui des matières qu'elle entraîne avec elle en sortant de la photosphère. Cette même électricité arrive dans l'atmosphère terrestre, puis dans la Terre, en diminuant d'intensité, à cause de la résistance qu'elle éprouve en traversant dans l'atmosphère des couches de plus en plus denses.

2° Quel travail peut exécuter l'électricité négative que la masse solaire conserve, une fois que l'hydrogène quitte la photosphère ?

Il faudrait savoir, pour répondre catégoriquement à ces deux questions, si les espaces planétaires contiennent ou non des matières gazeuses, ou bien si le vide est parfait.

Dans le cas où l'espace contiendrait des gaz plus ou moins raréfiés, l'électricité positive s'y répandrait par une suite de décompositions et de recompositions du fluide naturel.

Or l'état de grande raréfaction des gaz qui composent l'atmosphère solaire, bien au delà de la partie lumineuse, à des distances excessives, est très-admissible, vu la température énorme du Soleil, quand on pense surtout que la croûte terrestre, qui, sans l'influence solaire, participerait de la température des espaces célestes, possède une atmosphère qui s'étend bien au delà de 200$^{km}$.

Indépendamment des matières gazeuses que l'on pense devoir exister dans les espaces planétaires, il s'y trouve encore des myriades d'aérolithes dont la grosseur varie depuis celle des masses de fer météorique que l'on trouve éparses çà et là sur le globe, jusqu'à celle de grains très fins de poussière dont on a des exemples dans les éruptions de nos volcans. En effet, dans une éruption du Vésuve, des cendres, d'une vitesse extrême, ont été transportées par les vents jusqu'à Constantinople.

Le nombre de ces aérolithes est quelquefois si considérable, que Humboldt, dans son voyage en Amérique, a vu, pendant une traversée en mer, le ciel tout en feu, comme si l'on eût tiré un immense feu d'artifice. Ce spectacle éblouissant était dû, d'après ce célèbre voyageur, à une multitude d'aérolithes répandus dans l'atmosphère.

On est donc porté à croire, d'après ce qui précède, que le vide absolu n'existe pas dans les espaces planétaires, où des gaz, particulièrement de l'hydrogène, peuvent se répandre. Rien ne s'opposerait donc à la propagation de l'électricité dans ces mêmes espaces.

Si la théorie qui vient d'être exposée de l'origine céleste attribuée à l'électricité atmosphérique laisse encore à désirer sur quelques points, ajoute M. Becquerel, cela tient à ce qu'on ignore encore quelles sont les matières gazeuses, dans un état de diffusion plus ou moins grand, répandues dans les espaces planétaires. Les recherches auxquelles nous nous livrons dans ce moment serviront, nous l'espérons, à jeter quelque jour sur une question qui intéresse à un haut degré la physique céleste et la physique terrestre. »

Après la lecture de cette Note à l'Académie,

M. Charles Sainte-Claire Deville s'est levé pour associer son opinion à celle de M. Becquerel.

D'autre part, le professeur de la Rive a adressé sur le même sujet, à la Société des spectroscopistes italiens, les considérations suivantes :

Tout en établissant la coïncidence entre l'apparition des aurores polaires et celles des taches et des phénomènes qui les accompagnent sur la surface solaire, M. Tacchini ne croit pas, comme d'autres astronomes l'ont supposé, à une émission directe d'électricité du Soleil à la Terre; il admet que, indépendamment de l'influence causée par la surface solaire quand les protubérances s'y montrent, il peut y avoir d'autres causes qui déterminent l'apparition des aurores polaires.

M. de la Rive est disposé à reconnaître avec M. Tacchini qu'il est très-probable que les protubérances solaires sont un phénomène électrique, qu'elles sont dues à des décharges électriques analogues à celles qui produisent dans notre atmosphère les aurores polaires, et qu'il y a probablement des aurores solaires analogues aux nôtres. De plus, la concomitance entre les aurores polaires et les aurores solaires paraît bien établie, et est confirmée encore par les nouvelles observations du savant astronome italien. Toutefois, celui-ci reconnaît que nos aurores ne sont pas dues uniquement à l'influence des phénomènes solaires, et qu'il peut y avoir d'autres causes qui les déterminent. Le fait que la concomitance n'existe pas dans les hautes latitudes semblerait indiquer que l'influence de l'état de la surface solaire consisterait à augmenter l'intensité des aurores terrestres, ce qui les rendrait visibles aux latitudes inférieures, plutôt qu'à en déterminer complétement la production.

On ne comprend pas comment on pourrait s'arrêter à l'idée d'une transmission d'électricité statique du Soleil à la Terre par influence ou autrement. Outre l'impossibilité d'admettre la transmission d'une seule électricité, les phénomènes solaires indiquent tous la présence sur le Soleil de décharges électriques et non d'électricité à l'état de tension. L'influence solaire ne pourrait donc s'exercer que sous forme d'induction. Il est très-possible qu'une semblable induction existe, et elle pourrait peut-être expliquer la production du magnétisme terrestre au moyen des courants électriques qu'elle déterminerait dans la croûte solide de notre globe; mais il est difficile de concevoir qu'elle pût provoquer des décharges dans les régions supérieures et très-raréfiées de notre atmosphère. Puis comment expliquer la direction et l'orientation si constantes des décharges lumineuses qui constituent l'aurore polaire, d'autant plus que les décharges qui forment les protubérances ont lieu dans tous les sens et n'affectent point une position déterminée?

L'influence dont il s'agit est peut-être plutôt indirecte que directe. Le rayonnement du Soleil, soit calorifique, soit chimique, doit évidemment varier avec l'état de sa surface. Or, d'après les observations de M. Tacchini, cette variation doit être très-sensible quand le Soleil présente de nombreuses et grandes protubérances qui doivent, en particulier, augmenter notablement la somme totale de chaleur qu'il émet.

Cette augmentation dans la quantité de chaleur émise doit nécessairement activer l'évaporation des eaux des mers équatoriales et, par conséquent, accroître la quantité des vapeurs électrisées positivement qui s'élèvent des régions équatoriales et se déversent par l'action des vents alizés vers les pôles nord et sud. Il en résulterait, par conséquent, une augmentation d'intensité dans les décharges polaires, ce qui est précisément le caractère de l'influence exercée par les protubérances. Peut-être aussi se pourrait-il que le rayonnement solaire, qui se compose de plusieurs radiations, en contînt une d'un genre un peu chimique qui augmenterait directement la quantité d'électricité positive que renferment les vapeurs d'eau qui s'élèvent des mers, et la négative qui reste dans l'eau elle-même, électricités dont la neutralisation dans les régions polaires produit les aurores.

Ce qu'il importerait maintenant pour résoudre la question, ce serait qu'on parvînt à déterminer l'influence qu'exerce sur l'intensité et la nature des radiations du Soleil l'état de sa surface, et, en particulier, l'apparition en plus ou moins grand nombre des protubérances.

M. de la Rive avait déjà publié dans les *Comptes rendus* (avril 1872) la théorie suivante des aurores :

« D'accord avec la plupart des physiciens, je persiste à considérer les aurores polaires comme un phénomène qui se passe dans l'atmosphère. Je n'en voudrais, au besoin, pour preuve, que la remarque faite par M. Biot, à l'occasion des aurores qu'il avait observées en 1817 aux îles Shetland, que l'aurore ne se déplace jamais par rapport à l'observateur, tandis que, si elle était un phénomène cosmique, elle ne suivrait pas le mouvement de rotation du globe terrestre. C'est ce qu'observe aussi M. Fron, qui attribue, comme je l'ai toujours fait, l'aurore boréale à l'électricité provenant des régions équatoriales où la nappe ascendante se partage entre les deux contre-alizés, l'un marchant vers le nord, l'autre marchant vers le sud; ce qui donne l'explication de la simultanéité des aurores polaires, ainsi que celle des perturbations électriques et magnétiques qui les accompagnent dans les deux hémisphères.

» Je ne reviendrai pas sur toutes les preuves qui militent en faveur de cette explication, telles que la coïncidence des aurores australes et boréales, l'apparition, dans les fils télégraphiques, pendant les aurores, de courants électriques continus ou du moins d'une durée sensible, qu'on ne peut donc considérer comme des courants induits et qui ne sont que des dérivations des courants électriques terrestres, cheminant des pôles à l'équateur; telle, enfin, que l'action de ces courants sur l'aiguille aimantée, simultanée avec la présence des courants dans les fils télégraphiques et qui suit les mêmes phases d'intensité et de direction.

» Je ne crois pas inutile de rappeler les observations nombreuses faites par tous les voyageurs qui ont séjourné dans les régions polaires, et qui constatent que, dans ces régions, l'aurore se manifeste tout près du sol et est souvent accompagnée d'un bruit de crépitation et d'une odeur d'ozone, résultats de la transmission de l'électricité à travers l'air.

» Mais ce qui me paraît établir surtout d'une manière

solide l'origine électrique de l'aurore boréale, c'est l'expérience par laquelle j'ai réussi, en 1849, à démontrer l'action du magnétisme sur les jets électriques lumineux transmis à travers les gaz raréfiés. Cette action, constatée dès lors sous diverses formes, et toujours de la manière la plus facile, au moyen de l'admirable appareil de Ruhmkorff, explique très-bien comment l'action magnétique du globe terrestre dispose les jets électriques, qui, de l'atmosphère, aboutissent vers les régions polaires, de manière à leur donner la position qui détermine la situation et la forme de l'aurore, ainsi que les mouvements de translation qu'ils manifestent souvent, et qu'on peut imiter artificiellement.

» Diverses théories ont été mises en avant, à l'occasion de la belle aurore du 4 février 1872, principalement par MM. Silbermann, Tarry et von Baumhauer. Toutes ces théories tendent plus ou moins à attribuer une origine cosmique au phénomène, et M. Tarry est disposé, comme Mairan, à l'assimiler à la lumière zodiacale, qui en diffère cependant essentiellement en ce que, contrairement à ce qui existe pour l'aurore, elle est indépendante du mouvement de la Terre. Quant à la coïncidence entre l'apparition des aurores et celle des étoiles filantes, qui est mise en avant, ces théories ont toutes l'inconvénient d'être très-vagues, et de ne rendre compte ni du fait que les aurores ont pour centres les pôles magnétiques de la Terre, ni des phénomènes magnétiques et électriques qui les accompagnent. Elles ont en outre l'inconvénient, du moins celles de MM. Tarry et von Baumhauer, d'avoir été provoquées essentiellement par le grand éclat de l'aurore du 4 février, qui est un fait exceptionnel, quoique du reste l'aurore du 29 août 1859 l'ait surpassée, sinon par son éclat, du moins par sa durée; ce qui n'a point empêché d'y reconnaître, par les observations dont elle a été l'objet, l'effet de l'électricité terrestre et atmosphérique. »

Ajoutons à ces considérations que deux points importants, parmi ceux qui ont été signalés à l'occasion de l'aurore du 4 février, méritent un examen attentif : c'est l'analyse spectrale de la lumière aurorale et la correspondance de cette apparition avec certains phénomènes solaires.

La présence d'une raie spéciale vert jaune dans la lumière de l'aurore, découverte par Angström, a été confirmée par M. Cornu et par M. Prazmowski, qui a aussi trouvé plusieurs autres raies dans le rouge et même dans le bleu et dans le violet. Or, comme on n'espérait pas avoir retrouvé cette raie vert jaune dans la lumière des gaz incandescents, on en conclut que la lumière de l'aurore ne se produit pas dans les régions de l'atmosphère. Mais M. Zöllner, dans un travail intéressant, a montré que l'assimilation entre les deux lumières était très-difficile, vu les conditions de température, de pression et d'étendue des masses gazeuses lumineuses, si différentes dans l'un et l'autre cas; et, comme la disposition des raies varie pour un même gaz avec ces conditions, on ne peut tirer aucune conclusion bien certaine de la comparaison entre les deux genres de lumière. Des diverses raies du spectre de l'aurore boréale, la plus sûrement déterminée est la raie lumineuse dans le jaune vert qui correspond à la raie 1246 de Kirchhoff et à 5560 d'Angström. L'existence de cette raie brillante n'est pas contestable.

A la suite d'observations faites sur un grand nombre d'aurores dont il a fait l'analyse spectrale comparativement avec celles de l'air, de l'azote et de l'oxygène, M. Vogel est parvenu à retrouver dans la lumière de ces gaz la plupart des raies de l'aurore, mais il n'y a réussi qu'en diminuant notablement l'intensité de la lumière au moyen d'un affaiblissement des décharges électriques, de façon à se rapprocher le plus possible des conditions dans lesquelles se trouve la lumière de l'aurore. C'est surtout dans l'azote qu'il a trouvé les raies de l'aurore, en particulier la plus brillante. La remarque de M. Respighi, qu'on retrouve cette même raie dans la lumière zodiacale, tendrait simplement à prouver la présence de l'azote dans ce météore, ce qui n'aurait rien de bien étonnant, puisqu'on retrouve la ligne bien connue de l'azote jusque dans les nébuleuses. Il résulte de tout cela que tous les résultats de l'analyse spectrale ne sont point contraires à la théorie électro-atmosphérique des aurores boréales.

Le second point important est relatif à la relation qui existe entre l'apparition des aurores et la présence des taches solaires. M. Wolf, de Zurich, a montré, en réunissant un très-grand nombre d'observations, que le retour périodique des aurores et des perturbations magnétiques coïncide avec celui du maximum des taches sur la surface du Soleil ; M. Tacchini a signalé, à l'occasion de l'aurore du 4 février la présence, dans les jours qui l'ont précédée et qui l'ont suivie, d'un très-grand nombre de taches solaires et un maximum au moment même de l'apparition de l'aurore, en même temps que beaucoup de protubérances et de flammes brillantes. D'un autre côté, M. Loomis qui, comme M. Wolf, a constaté, en coordonnant les observations de près de deux siècles, la coïncidence des retours périodiques des aurores avec ceux des taches solaires, a montré, en réunissant tous les documents qu'il a pu recueillir, que ces retours n'existent pas pour les régions polaires, où le nombre des aurores, qui y sont presque quotidiennes, du moins dans les mois d'hiver, ne varie pas sensiblement d'une année à l'autre. Ce n'est pas sans doute le nombre absolu des aurores, mais leur intensité, qui varie, ce qui explique comment il se fait qu'étant presque toujours à peu près en même nombre dans les régions polaires, il existe des époques où elles ne sont pas assez intenses pour être aperçues dans nos latitudes.

La théorie de M. de la Rive est indépendante de toute hypothèse sur les correspondances solaires. Elle part, en effet, d'un fait incontestable : c'est que l'atmosphère est chargée d'électricité positive dont l'intensité va en augmentant à mesure qu'on s'élève, et que la Terre elle-même est chargée d'électricité négative, et cela quelle que soit la cause de ce dégagement d'électricité. Cela admis, il est facile de comprendre que ces deux électricités tendent constamment à se réunir, d'une part par l'intermédiaire du globe terrestre, d'autre part par l'intermédiaire des couches supérieures de l'atmosphère avec l'aide des vents contre-alizés, et que cette réunion, qui a lieu dans les régions polaires, est accompagnée, quand l'électricité a un certain degré d'intensité, d'actions perturbatrices sur l'aiguille aimantée et de la circulation de courants électriques dans les fils télégraphiques, en même temps que d'effets lumineux dans l'atmosphère, effets dont l'apparence est plus ou moins modifiée par l'action du magnétisme terrestre.

L'origine cosmique des aurores boréales a été l'objet d'études analogues par Donati, le regretté directeur de l'Observatoire de Florence. En mars 1872, il écrivait à l'Académie des Sciences :

« Dans l'état actuel de la Science, disais-je déjà » en 1869, pour se rendre compte des rapports qui » se passent entre les planètes et les phénomènes » solaires, on ne peut mieux faire que d'avoir recours » aux phénomènes électro-magnétiques. » Et j'ajoutais que le Soleil doit exercer une influence électro-magnétique sur les planètes, et « qu'il doit de son côté subir » une influence (*influsso*) semblable de la part des » planètes, qui (si elles sont, comme le Soleil, des corps » électro-magnétiques) pourront en modifier l'état » électrique, d'une manière ou d'une autre, selon » qu'elles seront plus près ou plus loin du Soleil, ou » selon qu'elles seront d'un côté ou d'un autre côté de » lui. » Et j'insistais beaucoup sur les liens qui me paraissaient exister entre les phénomènes solaires et nos aurores boréales.

» Dans la lecture que je viens de publier, je soutiens encore que les aurores boréales peuvent bien dépendre d'un échange d'électricité entre le Soleil et les planètes et je suppose que cet échange est peut-être la cause qui modifie l'état électrique naturel de la Terre et produit nos aurores boréales.

» Il me paraît que cette opinion peut rendre compte non-seulement des périodes des aurores boréales, dont M. Loomis s'est si savamment occupé, mais encore de la circonstance, qui semble assez bien constatée par l'expérience, que les phénomènes lumineux des aurores se manifestent d'abord dans les pays les plus orientaux, et plus tard dans les pays les plus occidentaux. On n'a qu'à supposer qu'un courant électrique part du Soleil ou va vers le Soleil; et alors on peut *au moins concevoir* que certains phénomènes des aurores boréales ne puissent se vérifier que dans ces endroits de notre atmosphère qui ont une certaine direction et une certaine position par rapport à ce courant. En conséquence, les phénomènes auroraux pourront devenir visibles sous les différents méridiens terrestres, à mesure que le mouvement diurne de notre planète amène successivement les différents méridiens à prendre la même position et la même direction par rapport à ce courant.

» M. le directeur général des télégraphes italiens ayant eu la bienveillance de me communiquer toutes les observations faites par les employés télégraphiques pendant l'aurore du 4 février, j'ai pu en conclure que les perturbations sur les lignes télégraphiques ont été plus sensibles dans la direction de l'est à l'ouest que dans la direction du nord au sud, comme l'a déjà fait remarquer M. Tarry pour les lignes de la France. »

Ajoutons quelques faits encore relatifs à ce grandiose phénomène.

La perturbation s'est fait sentir à partir de $3^h 30^m$,

d'abord sur les lignes de l'Est, Allemagne, Autriche; vers $4^h$, les lignes de la Suisse étaient atteintes, et le phénomène s'est rapproché successivement de Paris, en passant par la Suisse, par Besançon et par Dijon. A $5^h$, les fils des environs de Paris étaient eux-mêmes sous le coup de la perturbation.

Cette immense aurore a été observée sur la France entière, en Espagne, en Italie, en Algérie, en Suisse, en Autriche, en Turquie, et jusqu'aux limites de la Russie à l'est, pendant qu'elle s'étendait sur l'Afrique au sud et sur une partie de l'Amérique à l'ouest. A l'île de la Réunion, c'était une aurore australe, l'une des plus splendides qu'on y ait jamais vues.

Les communications télégraphiques ont été interrompues sur un grand nombre de lignes. Pendant toute la durée de l'aurore, les lignes aboutissant à Brest ont été entravées par des courants; la ligne de Paris à Brest a été la plus affectée. Le sens des courants était généralement de l'ouest à l'est, et les lignes perpendiculaires à cette direction ont éprouvé de moindres perturbations.

Les courants ont commencé à se manifester sur la ligne de Paris à Brest à $2^h 32^m$; à $3^h 3^m$, le travail sur cette ligne a dû être arrêté complétement.

Le fluide négatif faisait dévier plus fréquemment l'aiguille du galvanomètre, mais le fluide positif lui imprimait des oscillations plus énergiques, qui ont atteint jusqu'à 60° de déviation, à $5^h 16^m$, $5^h 28^m$, $5^h 32^m$, $5^h 56^m$ et $6^h$.

Le passage d'un courant à l'autre se faisait tantôt par décroissance régulière, tantôt par sauts brusques.

Ainsi, à $5^h16^m$, l'aiguille du galvanomètre a brusquement sauté de $-30°$ à $+60°$; à $5^h28^m$, de $-40°$ à $+60°$; à $5^h34^m$, de $-40°$ à $+50°$.

De $5^h55^m$ à $6^h$ du soir, au contraire, il y a eu deux ondes très-remarquables. La déviation s'est d'abord élevée progressivement de zéro à $+62°$; à ce moment il y a eu adhérence très-forte de la palette de l'appareil pendant une minute, avec persistance de la déviation; puis l'aiguille est descendue graduellement à zéro et remontée de même à $+60°$, où elle s'est encore maintenue pendant une minute, et à $6^h$ elle a sauté violemment de $+60°$ à $-60°$.

On a reçu des appels de Paris à $6^h1^m$, $6^h15^m$, $6^h45^m$, $7^h35^m$; mais Paris ne recevait rien de Brest. A $7^h20^m$, Paris ayant été appelé à un moment où la ligne était presque libre, il s'est produit un courant de retour comme dans l'isolement de la ligne.

Pendant toute la durée de l'aurore, le câble transatlantique de Brest à Duxbury a été parcouru par de forts courants, sautant brusquement d'un sens à l'autre; les courants négatifs ont dominé comme dans les lignes aériennes; leur intensité, mesurée du côté de la France, a varié de 4 à 65 éléments Daniell.

Des phénomènes analogues se sont produits sur les lignes de Saint-Étienne à Lyon, Roanne, Moulins, Paris, c'est-à-dire du nord au sud; mais ils paraissent moins intenses que ceux des lignes est-ouest.

La ligne de Montpellier à Paris par Limoges a été traversée par un courant continu, qui établit l'adhérence du contact et rendit toute transmission impossible de $3^h$ à minuit.

Les perturbations magnétiques éprouvées par les lignes télégraphiques se sont fait sentir au même moment ou à quelques minutes d'intervalles en France, en Italie et en Amérique, tandis que les phénomènes lumineux ont été visibles en Europe de $6^h$ à $11^h$, et en Amérique de minuit à $5^h$ du matin, ce qui fait une différence de $6^h$.

En Turquie, on a également constaté que, pendant toute l'après-midi du 4 février, les lignes télégraphiques ont été sillonnées par de forts courants atmosphériques augmentant graduellement d'intensité et de fréquence jusqu'au coucher du soleil, où ils devinrent permanents; le galvanomètre du bureau télégraphique, quoique dans un circuit de $1200^{km}$ (de Volona à Constantinople), indiquait une déviation anomale de 65° à 70°, due à la présence d'un courant négatif; à $7^h 35^m$, le courant se renverse et devient positif, en conservant une grande intensité.

A la même heure, un phénomène identique fut constaté au bureau télégraphique de Péra.

A Jurgat, à $6^h 30^m$, les appareils fonctionnaient automatiquement; à $7^h$, le courant a été permanent; à $7^h 15^m$, la communication était devenue impossible; à $7^h 30^m$, le galvanomètre a été désaimanté et réaimanté instantanément en sens inverse; à $8^h 15^m$, l'influence était insignifiante; à $9^h$, la communication a été rétablie.

Ainsi il est certain, d'après les observations faites sur ces trois points très-éloignés les uns des autres, qu'un renversement brusque et intense du courant a eu lieu vers $7^h 30^m$.

M. Tarry a rapporté que, sur la ligne télégraphique de Brest à Paris, de $5^h 55^m$ à $6^h$ du soir (t. m. de Paris), il y a eu deux ondes très-remarquables. La déviation s'est d'abord élevée progressivement de zéro à + 60° ; à ce moment, il y a eu adhérence très-forte de la palette de l'appareil pendant une minute, avec persistance de la déviation, puis l'aiguille est descendue graduellement à zéro, et est remontée de même à + 60°, où elle s'est encore maintenue pendant une minute, et, à $6^h$, elle a sauté violemment de + 60° à — 60°

En Italie comme en France, de $5^h 55^m$ à $5^h 57^m$ (temps moyen de Paris), il y a eu un mouvement graduel de l'aiguille ; ensuite il y a eu des sauts instantanés ; à $6^h$ l'aiguille a subi un repos assez prolongé (d'environ une minute) ; puis, après ce repos, elle se déplaça violemment.

Il semble donc que les perturbations sur les lignes télégraphiques aient été, *en général, simultanées.* Mais, sur un point d'un si haut intérêt scientifique, on doit désirer des recherches plus étendues et plus détaillées que celles qu'on a faites jusqu'à présent. Les perturbations sur les lignes télégraphiques se succédèrent d'une manière presque continuelle, et de petites erreurs, ou dans le temps, ou dans les déviations qu'on a observées, pourraient bien faire apparaître la coïncidence où en réalité elle n'existe pas.

Pour compléter ces observations, M. Förster écrit de Berlin :

« En comparant sous les mêmes points de vue les observations italiennes et françaises avec les observations des employés des télégraphes allemands, j'ai eu la même impression que M. Donati. Des observations exprimées en minutes, comme toutes celles qui sont publiées jusqu'à présent, ne suffisent pas pour prouver la simultanéité ou pour déterminer les vitesses des propagations des grandes oscillations produites par les courants terrestres durant l'apparition d'une aurore boréale. Cependant je crois que, dans l'état actuel des choses, la publication de quelques résultats des observations faites sur les lignes allemandes pourrait être de quelque intérêt, quoiqu'elles ne jouissent pas d'une précision plus grande que les autres observations déjà publiées.

» Le commencement des perturbations des lignes télégraphiques a été observé à Berlin vers $2^h\,16^m$ (pour faciliter les comparaisons, j'exprimerai tous les temps en temps moyen de Paris). A Brest la même époque a été $2^h 32^m$, à Rome et à Florence $3^h 49^m$.

» Parmi les observations ultérieures en Allemagne, les plus complètes ont été faites par la station télégraphique de Halle. A Halle, on a noté et fixé graphiquement toutes les oscillations de l'aiguille d'après une échelle temporaire donnée pendant quelques intervalles de minute en minute. Tout comme à Brest, les déviations de l'aiguille qui appartiennent à un courant négatif traversant les fils télégraphiques ont été les plus fréquentes, pendant que les déviations positives ont été plus rares, mais quelquefois plus énergiques que les déviations négatives.

» D'après la disposition des lignes télégraphiques, dont on a fait usage dans ces observations, le courant négatif dans les fils a eu la direction de l'est à l'ouest.

Les lignes du sud au nord ont montré moins de perturbations que les lignes de l'est à l'ouest.

» On a observé à Brest les déviations positives les plus considérables aux temps suivants, qui se retrouvent de très-près dans la série des mouvements que l'aiguille a subis dans le sens positif observés à Halle :

| A Brest. | A Halle. |
|---|---|
| h m | h m |
| 5.16 | 5.16,8 |
| 5.28 | 5.28,8 |
| 5.32 | 5.31,8 |
| 5.56 | 5.56,0 |
| 1. 0 | 6. 0,8 |

Tel est l'état actuel de nos connaissances sur les aurores boréales et le magnétisme terrestre dans leurs rapports avec l'activité du Soleil. La Science n'a pas dit son dernier mot, et sans doute la vraie théorie physique de ces faits et de ces rapports se fera-t-elle encore longtemps attendre. Mais il était important de les réunir ici sous un même coup d'œil, afin d'en juger la valeur en connaissance de cause. Quoique l'explication n'en soit pas encore trouvée, il n'en est pas moins probable qu'un rapport physique réel relie le Soleil au magnétisme terrestre et à ses manifestations.

On a signalé d'autres correspondances, qui nous paraissent moins probables, et que le défaut d'espace nous force à renvoyer à plus tard (avec l'espérance que le temps aura mûri les questions). Remarquons notamment les suivantes :

Correspondances entre les taches solaires et

- les cyclones, ouragans, tempêtes;
- la lumière zodiacale;
- la température annuelle;
- la direction du vent;
- la pluie, les inondations;
- le niveau des lacs américains;
- les tremblements de terre;
- les éruptions volcaniques;
- l'ozone;
- le choléra, la peste;
- les maladies des pommes de terre;
- etc., etc.

Il en est peut-être dans plusieurs de ces cas comme des rapports entre le temps et les phases de la Lune. *Toute combinaison de chiffres donne forcément un résultat quelconque;* mais ce résultat *ne prouve rien* s'il n'est pas appuyé sur un ensemble considérable de faits concordants. Nous nous promettons d'examiner ces concordances dans un prochain Volume. Malheureusement pour cette petite collection bibliographique spéciale, la Science marche trop vite, et les documents qui peuvent représenter son mouvement dépassent rapidement les limites que nous nous sommes imposées.

FIN DU NEUVIÈME VOLUME.

# TABLE DES MATIÈRES.

BF

R.F. IMPRIMÉS

FIN DE LA TABLE DES MATIÈRES.

Paris — Imprimerie de GAUTHIER-VILLARS, quai des Augustins, 55.

FLAMMARION._ Etudes sur l'Astronomie, Tome IX.

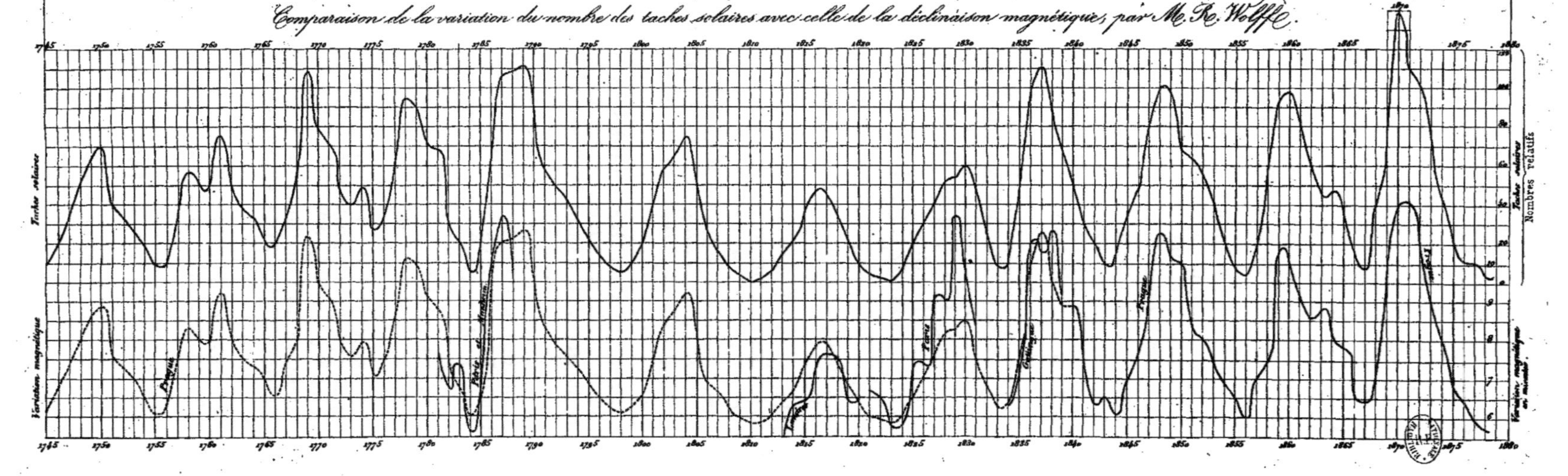

# LIBRAIRIE DE GAUTHIER-VILLARS,

## Quai des Augustins, 55.

---

**CAHOURS** (Auguste), Membre de l'Académie des Sciences. — *Traité de Chimie générale élémentaire.*

*Chimie inorganique*, Leçons professées à l'École Centrale des Arts et Manufactures. 4e éd. 3 vol. in-18 jésus; 1878-1879 (Autorisé par décision ministérielle.) .......... 15 fr.

Chaque volume se vend séparément. .......... 6 fr.

*Chimie organique*, Leçons professées à l'École Polytechnique. 3e édit. 3 vol. in-18 jésus, avec figures; 1874.......... 15 fr.

Chaque volume se vend séparément.......... 6 fr.

**FLAMMARION** (Camille), Astronome — *Catalogue des Étoiles doubles et multiples en mouvement relatif certain*, comprenant *toutes les observations* faites sur chaque couple depuis sa découverte et les *résultats conclus* de l'étude des mouvements. Grand in-8; 1878.......... 8 fr.

**LAPLACE.** — *Œuvres complètes de Laplace*, publiées sous les auspices de l'Académie des Sciences par MM. les Secrétaires perpétuels, avec le concours de MM. Puiseux et J. Hoüel. Nouvelle édition, avec un beau portrait de Laplace. In-4, papier vergé.

La première Section, *Mécanique céleste*, 5 volumes in-4, est en cours de publication. (Les tomes I, II, III et IV ont paru). Prix pour les souscripteurs aux 5 volumes de la *Mécanique céleste*.......... 80 fr.

*Chaque volume se vend séparément*.......... 20 fr.

(*Voir* le Catalogue pour les prix des éditions sur papier vergé fort et papier de Hollande.)

**LEVY** (M.), Ingénieur des Ponts et Chaussées, Professeur à l'École Centrale. — *La Statique graphique et ses applications aux constructions.* Grand in-8, avec atlas; 1874. .......... 16 fr. 50 c.

**SCOTT** (Robert), Secrétaire du Bureau Météorologique de Londres. — *Cartes du Temps et Avertissements de Tempêtes.* Petit in-8, avec 2 Planches en couleur et 34 figures dans le texte. Traduit de l'anglais par MM. *Zurcher et Margollé*; 1879.......... 4 fr. 50 c.

**SECCHI** (Le P.), Directeur de l'Observatoire du Collège Romain, Correspondant de l'Institut de France. — Le Soleil. 2e édition Ire et IIe *Partie*. Deux beaux vol. grand in-8, avec Atlas, se vendant ensemble.......... 30 fr.

ON VEND SÉPARÉMENT :

Ire Partie. Un volume grand in-8 avec 150 figures dans le texte, et un Atlas comprenant 6 grandes pl. gravées sur acier. (I. *Spectre ordinaire du Soleil* et *Spectre d'absorption atmosphérique.* — II. *Spectre de diffraction* d'après la photographie de M. Henry Draper. — III, IV, V et VI. *Spectre normal du Soleil*, d'après Angström, et *Spectre normal du Soleil, portion ultra-violette*, par M. A. Cornu); 1875.......... 18 fr.

IIe Partie. Un volume grand in-8 avec nombreuses figures dans le texte, et Planches des *protubérances solaires*, *des nébuleuses*, *des spectres stellaires, etc.*, en chromolithographie; 1877.. 18 fr.

**SERRET** (J.-A.), Membre de l'Institut. — *Cours de Calcul différentiel et intégral.* 2e édition. Deux forts volumes in-8, avec figures dans le texte; 1879-1880.......... 24 fr.

**SERRET** (J.-A.). — *Cours d'Algèbre supérieure.* 4e édition. Deux forts volumes in-8; 1877-1879 .......... 25 fr.

---

Paris. — Imp. de Gauthier-Villars, quai des Augustins, 55.

www.ingramcontent.com/pod-product-compliance
Ingram Content Group UK Ltd.
Pitfield, Milton Keynes, MK11 3LW, UK
UKHW021852190726
13855UKWH00001B/284

9 782013 469517